批貨達人賺錢祕笈徹底公開！東京哪裡可批貨？怎樣批貨才會賺？

批貨達人
教你

東京批貨 賺更多!

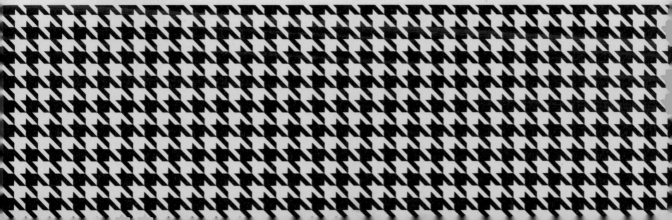

作者序

很奇怪的，大家都以為vEr小娜是哈日族，喜歡日本明星、玩blog和網拍，但其實說真格的，以上皆非~不玩blog和網拍完全是因為沒有時間，喜歡日本很簡單，因為「愛漂亮」！日本是個從人到商品到食物都可以弄得精緻又漂亮的國家，踏上那塊土地時，就整個融化在各種為消費者思考的貼心設計與專業服務~

繼第一本書「東京批貨賺錢GO」之後，出版社問我要不要再出其他地方的批貨系列，但我始終有些抗拒，並不是因為害怕有人打電話到出版社叫作者小心一點(聽說真的有人打電話這麼做>_<||)，而是我始終認為帶貨這件事的賺錢與否，並不在於批店；早年跑單幫因為資訊不開放，自由行並不普遍，再加上很多人還是認為語言不通是障礙，所以能直接從批店進貨的老闆們可就神氣了，因為她們通常是跟日本多少有點關係，這樣的人際資源當然是愈壟斷愈好，才會讓批貨這件事情變成神祕又高規格的行業。但隨著日系雜誌進駐資訊開放，再加上自由行以及語言不通都不再是門檻，「東京批貨賺錢GO」雖然幫許多對批貨存有嚮往之心的人解開多年心中迷團，卻也讓許多想要自行創業的人多少打了點退堂鼓，更讓那些天真的想要藉旅遊，順便也批貨網拍賺回機票酒店錢的人，發現自己在作夢！對於很多正規上班族的人來說，要真的開公司去批貨還是有點高難度，那些要辦批卡才能進入的批店，比較適合已經有預備週轉金並且要實際開店的創業者，若只打算在網路上開店的話，其實真的很難變出辦批卡的相關文件，難道就只能眼睜睜的放棄東京批貨這條賺錢之路嗎？

no no no no no……

「東京批貨賺更多」其實就是東京批貨的二部曲，這次vEr小娜就要傾囊相授「免批卡」的進貨門路，這樣的平民購物規格人人適用，不管你是玩票性質還是認真想要創業，只要掌握到日本二大折扣季節的正確成行時間與搶到新年福袋，不但讓你享受10級以上震撼度的購物樂趣，還能用接近市價2~5折的價格進貨；此外，vEr小娜這次要跟大家徹底報告日本最大美系血統outlet~御殿場，這個位於東京近郊靜岡縣，能夠邊欣賞富士山邊血拚的outlet，折扣季期間不但有雙重折扣，新年期間各品牌形象店竟然也一樣有超值福袋，保證讓你買到只怕錯過最後一班回新宿的巴士！

更重要的是，要批貨賺錢就要先了解市場，掌控了低價成本的進貨管道後，你會發現如果沒有與日本同步的流行情報力和敏感度也是白搭，哪些品牌最流行？哪些品項利潤最高？為了讓一般人可以快速熟悉日本流行市場，vEr小娜也將秉持著寫論文市場蒐集+時尚雜誌編輯平日做功課的功力幕後大公開，增加了「達人養成」的單元，讓平常大量閱讀VIVI、Cawaii等雜誌的fans，可以完全精準掌握媲美住在東京的一線資訊，從人氣model、廣告到封面關鍵字，vEr小娜幫大家把日本原文雜誌、網站進行各種流行情報大

解密,搞懂這些情報,就能擁有超靈敏流行敏感度,採購進貨時,就能比別人更快搶先機、賺大錢!

　　最後,vEr小娜還是強調,東京批貨賺更多的前提,在於做任何事情都要下工夫做功課,做生意就更不能跟錢開玩笑,這2年網路開店已經日趨成熟,太多人擠進這個市場,相對的就把入行門檻提高,所有的網路製作成本增加,顧客要求服務要2倍好……如果不進步求新,即使你都是拿批卡進貨,也沒人敢跟你說一定會賺大錢!這本書不光光只是教你SHOPPING,所有的單元都架構在能做生意賺錢的前提下,結合零時差的網路電子商務現況,是一本外表看起來「狠」夢幻,骨子裡卻「狠」寫實的工具書,沒有唱高調純理論,只有vEr小娜工作多年的經驗分享及最誠懇的實戰紀錄。

➡ 第一本實際示範BURBERRY BLUE LABEL掃貨購買到退稅的完整祕笈

➡ 第一次深入日本批店透明化跑單幫進貨通路及需要工具

➡ 第一回揭露沒有批卡也能入手的最低折扣進貨門路＋一年僅此一檔的新年福袋

➡ 完整介紹美國血統加持、日本最大OUTLET~GOTEMBA御殿場

➡ 徹底公開日系流行情報達人養成特訓班~日雜、網站、100%不錯買敏感度

➡ 達人教授從電子商務角度切入賣家進貨路線及資本額設定

　　最後的最後,90度鞠躬謝謝編輯大人,因為工作太忙所以這本書前後準備了快一年時間,費時太長斷斷續續寫稿,導致文章情緒段落常常會凸椎,雖然合作了三本書,培養出很好的默契,但編輯大人整理稿件時還是差點氣到中風@#$%^&*()……也非常謝謝不能透露真實身分+堅持要用奇怪藝名的可愛美編,我們毫不留情地等她截完本業的稿子後,直接抓她來截這本書到通宵,最後一刻還差點趕不上大清早要飛去日本聽椎名林禽演唱會的飛機……一切的一切因為有你們的包容、體諒與情意相挺,真的真的……一百萬個真的~謝謝你們!

Chapter 1

Chapter 1
日本是跑單幫的天堂

網路看似商機無限,但是如果你以為,什麼東西都可以上網買,那就大錯特錯!
在日本,即使有了網路,大部分的品牌好貨,清一色只提供日本國內寄送。
因此,日本跑單幫的市場從來不曾萎縮,如果想要嘗試批貨、搞網拍,日本線絕對
是有利的首選!從服裝、包包、首飾配件到藥妝、美容、雜貨……
日本品牌在台灣的流行市場始終看漲,絕對是可投資的績優股啦!

1-1
日本流行市場的變化

綜觀日本品牌在台灣的市場變化，這兩年間國內突然進駐了許多日系買手心中的女神品牌：moussy、GARCIA（狗頭包）、PET PARADISE、SONY PLAZA、Francfranc、&by P&D、SLY、2%、Betsey Johnson包包、Jill Stuart彩妝，現在連aimer feel、Laguna Moon、SOPHIE MONK的內衣在台灣都有櫃了。其中，像代理moussy的公司還同時將SLY、black by moussy一起帶進台灣，未來還有計畫引進rienda……VIVI、CanCam等雜誌上常出現的超級天牌。此外，vEr小娜曾經欽點具有發展潛力的新興品牌Juicy Couture也在微風開了專賣店，這可都是之前vEr小娜做夢也想不到的光景。

日本限定美國年輕品牌當道

這幾年日本的時尚版圖及新興品牌的一個很重要變化，就是當紅品牌不再是土生土長的日本品牌，以前談日本的流行，扣掉109以及潮流掛的本土品牌外，剩下的大概都是國際精品品牌和老佛爺級的設計師品牌，但這幾年你卻會發現，日本的時尚口味重新洗牌了，以LA好萊塢名人風、NY獨立風格設計師為主的美國線品牌愈來愈紅。

過往美國服裝品牌在我們印象中大概只有二類：太casual的美式風格、或很典雅的國際精品品牌路線，很難在美國設計品牌中看到符合日本的那種精緻流行。但這兩年美國潮流風與日本精品卻有了交集：Jill Stuart、Juicy Couture、Betsey Johnson、Samantha Thavasa、Cynthia Rowley……這些同時結合「Cute」與「Sexy」風格的美國設計師同名品牌，大舉在日本搶灘成功，而且依照慣例，日本市場永遠享有日本限定款的國際規格優待，這是在台灣的我們永遠最羨慕也最扼腕的。

目前位於微風廣場的JUICY COUTURE並不是美國總公司直接授權，而是香港鼎鼎大名連卡佛集團代理後來台灣開設分店，因此在價位上還是偏高。

VIVI人氣名模藤井Lena代言的性感爆乳內衣「Laguna Moon」，2008年由奧黛莉旗下18eighteen PINK獨家引進，包括配件、包包還有衣服也都很搶手喔！

BETSEY JOHNSON的飾品目前台灣還沒有代理，在日本新宿伊勢丹有專櫃喔！

好萊塢正妹品牌加持

　　除了上面提到的這些日本當紅新興美國品牌，這兩年好萊塢人紅是非多的幾位名人喜好及品味，對日本流行圈影響也舉足輕重。許多設計師品牌的崛起多半是因為這些名模、名媛、女星的加持，像Paris Hilton、Lindsay Lohan、Kate Moss……甚至這些品牌在日本也直接以這些名人作為形象代言，像Samantha Thavasa旗下除了飾品是由名模姥原友里代言外，其他系列分別請來J LO、Hilton姐妹花、Beyonce（碧昂絲）、Victoria Beckhem（維多利亞貝克漢）以及Penelope Cruz（潘尼洛普克魯茲）代言；當然，這些人名與品牌在台灣的你一點也不陌生，因為這股美式好萊塢名人旋風早就燒到台灣，再加上微風老闆娘孫芸芸的時尚品味和慧眼，也讓台灣的我們有機會直接拜見ED HARDY、JUICY COUTURE。

Penelope & Monica Cruz

Samantha Thavasa

Samantha Thavasa

Samantha Thavasa是美國品牌，但和藍標一樣，在日本是屬於限定發售的品牌，旗下還有Samantha New York、Samantha Vega、Violet Hanger、Darlin Darlin等11個副牌，2008年VIVI人氣model長谷川潤還與該品牌聯名設計包包喔！

老字號品牌依然經典

　　雖然目前日本當紅的美國品牌談進台灣代理的並不多，但隨著它們在購物網站以及拍賣上，能見度愈來愈高的現況來看，未來想要享受與東京同步的購物樂趣並非不可能；不過你千萬別以為有了這些新進美日線合一的品牌後，老字號經典品牌就失寵了，從國內知名的購物網站精品線商品的成交排行榜來看，緊接著在LV、GUICC和COACH之後的熱門品牌，依然是Burberry Blue Label、ANNA SUI、Vivienne Westwood，這些日系老字號品牌在國人心目中仍然位居流行品牌的龍頭。

歐風東進引爆多元流行

　　2008年9月H&M正式前進東京銀座，開幕當天創造了5000人排隊的空前盛況，很快地，11月原宿店也跟著開幕，這個來自瑞典的平價時尚品牌，顛覆了傳統日本的時裝價值觀。早些時候進入香港時，因為挾Karl Lagerfeld、Stella McCartney、Viktor Rolf等一線首席設計師，和瑪丹娜跨界合作而鼎鼎大名，本來這個品牌對台灣流行的影響並不會那麼快，現在一旦有了日本加持後，相信它即將在台灣發酵，未來去東京帶貨的朋友要開始注意這個品牌了，因為它依然享有部分商品日本限定的國際規格待遇啦。

⊙H&M GINZA 東京都中央銀座7-9-15
⊙H&M HARAJUKU 原宿1號店 東京都涉谷區神宮前1丁目11-6

香港的H&M開幕時，巨大的瑪丹娜招牌一時之間成為醒目又時尚的大地標。

批貨賺錢基測

　　想要成為日本線的批貨達人，跟傳統的哈日情結可是一點關係都沒有，喜不喜歡木村或是傑尼斯，其實對批貨一點幫助都沒有；單靠天生好品味也不足以應付資訊愈來愈快速的現況，如果只有網拍經驗跟單純喜歡日系品牌，這樣的條件可以輕鬆跨進批貨門檻嗎？下面的測驗是幫助你先了解自己的批貨賺錢戰鬥力是否達到入行標準！

入行基本測驗

➡ 你有經營拍賣生意嗎？
　　a.每日都會拍賣　b.每周至少拍賣一次　c.每月至少拍賣一次　d.未曾嘗試

➡ 你是買家的經驗多？還是賣家的經驗多？
　　a.賣家、買家經驗豐富　b.賣家經驗多　c.買家經驗多　d.都沒有經驗

➡ 你玩拍賣的經驗有多久了？
　　a.3年以上　b.1～3年　c.6個月～1年　d.6個月以下

➡ 你的網路賣場評價總數有幾個？
　　a.1000分以上　b.500～1000分　c.300～500分　d.300分以下

➡ 你的賣場經營已經有熟客了嗎？
　　a.有熟客而且有口碑　b.有熟客　c.還沒有　d.我不知道

情報力測驗

➡ 你的日本流行資訊來源有哪些？
　　a.日本雜誌、網站、電視頻道 b.日本當地朋友 c.台灣的雜誌、書 d.國內購物網站

➡ 你每個月固定購買的日本原文雜誌有幾本？
　　a.10本以上　b.7～10本　c.5～7本　d.5本以下

➡ 你有固定流覽的日本網站的習慣嗎？
　　a.每天瀏覽　b.每周瀏覽　c.每月瀏覽　d.不會瀏覽

➡ 你最常透過哪些管道取得日本雜誌？
　　a.網路購買　b.書店購買　c.便利商店購買　d.借過期的看

➡ 每個月你通常什麼時候會購買日本雜誌？
　　a.月初、月中、月底各3次　b.月初　c.月中　d.月底

敏銳度測驗

➔ 你了解日文原版雜誌與國際中文譯版內容的差異嗎？
　a.了解　b.不太清楚　c.完全不知道

➔ 你知道哪些日本名模代言了什麼樣的品牌嗎？
　a.知道5個以上　b.大概知道3個　c.有印象，但說不出人名　d.完全不知道

➔ 你會去流覽日本品牌的個別官網嗎？
　a.經常　b.偶爾　c.不會

➔ 你知道日本雜誌或品牌官網有成立線上購物網站嗎？
　a.知道，並瀏覽過　b.有聽說，但沒瀏覽過　c.不知道

➔ 你會辨別你喜愛品牌的真偽嗎？
　a.一眼就可以辨識　b.要比對特徵才知道　c.無法辨識

商品採購測驗

➔ 你的貨源以哪一種管道為主？
　a.專程出國帶貨 b.有朋友在當地幫我 c.自己出國時順便買 d.自己不用的二手貨

➔ 你的商品主要都在哪裡買的呢？
　a.批店　b.OUTLET　c.路面店　d.百貨公司

➔ 你的商品在國外可以透過網路下單直接送到台灣嗎？
　a.目前沒有，只能在當地買　b.可以送台灣　c.不清楚

➔ 你的商品國內外售價差很多嗎？
　a.NT$12000元以上　b.NT$6001～12000元　c.NT$3001~6000元
　d.NT$3000元以下

➔ 你賣的商品平均單價大多是多少？
　a.7000元以上　b.5000～7000元　c.3000～5000元　d.3000元以下

銷售能力測驗

➔ 你的賣場有哪些？
　a.有實體店面和拍賣　b.自己的網站　c.跟電子商務網站簽約上架

➔ 你的賣場有特別廣告宣傳嗎？
　a.我有購買網路廣告　b.我有購買廣告信　c.我有在拍賣付費　d.沒有

➔ 針對熟客你有特別服務嗎？
　a.熟客會給折扣　b.針對熟客發電子報　c.有熟客，但還沒有提供特別服務
　d.還沒有熟客

加分題

➡ 你的日文程度好嗎?

　　a.流利　　b.基本應對沒問題　　c.買東西溝通勉強可以　　d.只會簡單單字

請累加各題答案的計分:a=4分、b=3分、c=2分、d=1分

得分結果

0～30分	你還停留在批貨新生+門外漢階段,如果已經打算要好好當個專業賣家,vEr小娜建議你可要從第一個字仔細讀到最後一個字喔!
31～60分	這群人相信應該非常多,vEr小娜稱妳們為「哈日族+網路購物人」,很多事情你可能還一知半解,但還好妳們很常參予網路購物行為,再加上對日本有種迷戀,相信妳們隨時開始進入這一行,都會有基本的成功條件喔!
61～80分	你已經累積了實際拍賣經驗,現在你要努力朝向專業賣家「錢」進,vEr小娜將畢生血拚的心得都寫在書裡了,希望能幫助你快速檢測你的商品路線跟進貨管道,好讓你市場精準,沒有囤貨,賺大錢。
81分以上	WOO……你的經驗豐富,是個經營很久的賣家了,希望vEr小娜這本書可以跟你交流一下,也提供給你更多的想法,讓你的發財之路更寬廣。

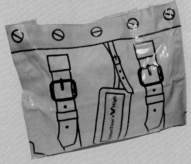

行家買手各憑本事

網路上的商品五花八門，真的就如那句經典的廣告詞所說：什麼都有，什麼都不奇怪！到底你想成為五花八門的哪一花呢？vEr小娜建議你可以從幾個方向評估：

把血拚當興趣

不管你是玩票性質，或者是要把網拍當正業，興趣很重要，這一行要做久，首先一定要對SHOPPING很有興趣，vEr小娜看過太多朋友帶著朋友去嘗試批貨，那些沒興趣的人光是在一棟批店裡，就受不了長時間站著、蹲著找貨的辛苦，頻頻喊腿痠，一下就陣亡了！

再來，最好挑你熟悉的商品領域下手，因為這樣你最清楚該項商品的市場力，什麼是新品？什麼牌子現在最紅？價位多少……這些市場資訊都很重要，如果沒有興趣，那你就只好勤做功課，勤找資料，好讓你在挑貨時有參考基準。

與生俱來好眼光

這一項很簡單，只要問問自己是不是常被稱讚有SENSE囉（當然你自認自己有也可以啦！）因為所有的品牌都要靠著採購大人的品味與流行敏感度挑選進貨商品，即使你只是做個小小拍賣賣家，每次出國帶貨時，如果沒有準確的挑貨能力，那你只能追隨別人的腳步，別人先賣，你追著跑，自然，你賺的錢也就會比較少。而且，你還要找到同時兼顧市場與利潤的商品才行，否則當你大膽採購時，不是要面臨囤貨的壓力，就是到最後發現忙了大半天都在做白工，心都碎了。

當然，就算採購力先天不良，vEr小娜還是會鼓勵你可以後天好好調整一番！例如：多看看流行雜誌，常逛購物網站，看到雜誌介紹不錯品牌，就趕快上網搜尋國外哪些網站有賣，累積這些資訊是相當重要的基本功課。尤其出國批貨前更要上購物、拍賣網站整理目前價格狀況，才能幫助你挑貨時拿準利潤喔！

降低成本出奇招

一般來說除非你有工廠配合，否則大部分的商品一定都是從店面取得，因此如何比別人拿到較低的進貨成本也就很重要，通常不是人人都能做到，因為這必須你在當地有此領域的熟人，摸得到門路，或者你有通天本領，上網找到各種資料進行比價。最厲害的是，譬如每次出國都組成親友大隊，還規定大家行李不准多帶，讓大家的行李公斤數來分攤你的貨，想盡辦法省下運費。當然，這就要靠你平常多關照身邊的朋友，好讓她們屆時義不容辭來當你的人頭……這樣保證能降低很多你可能被海關查扣或者必須寄回來的運費。

Samantha Thavasa的2way飾品。

狗頭包的副牌mimo，有出可愛的tee，還有小包包。

看準折扣季殺進場

　　一年12個月忍耐10個月不去日本，就為了要在二大折扣季搶福袋、搶便宜，雖然日本二大折扣季都剛好遇上旅遊旺季，但怎麼算都還是划得來，平均3～5折的進貨價，只要時間挑對了，事前做好功課，進場穩賺不賠！

　　至於初入行的朋友，面對琳瑯滿目的商品，不小心就會迷失在自我的喜好陷阱，所以記得vEr小娜批貨格言「喜歡放二旁，利潤擺中間」，vEr小娜看過賺錢的老闆娘幾乎都屬於理智型，就算她們從前每次到日本有多瘋狂愛買，一旦走上帶貨這條路時，都開始收斂自己的衝動，這絕對是入行做生意很重要的基本態度！

〔電子商務網站精品線排行榜〕

　　到底現在哪些品牌最熱門？又有哪些新品牌是潛力績優股？精品品牌的排行榜變化透露哪些訊息？就讓vEr小娜冒著生命的危險，頂著可能被好友殺頭的危險，提供給各位可愛的鄉親父老一份品牌喜好度及利潤占比的【有錢大家賺榜中榜】給大家參考 —

當年各路買家一進店家就專掃水餃包的盛況已不復見。

有錢大家賺榜中榜

排名	2007年	2008年	從產地進貨
TOP1	GUCCI	GUCCI	利潤約30% 以上
TOP2	COACH	COACH	利潤約40% 以上
TOP3	Louis Vuitton	PRADA	不建議操作
TOP4	agnes b.	LONGCHAMP	批店可進，利潤約50% 以上
TOP5	BURBERRY藍標	agnes b.	利潤約30% 以上
TOP6	Ralph Lauren	BURBERRY藍標	利潤約35% 以上
TOP7	BURBERRY黑標	YSL	不建議操作
TOP8	PRADA	Miu Miu	不建議操作
TOP9	Christian Dior	Louis Vuitton	不建議操作
TOP10	Vivienne Westwood	MARC by MARC JACOBS	MJ的副牌，利潤約45%以上

這份排行榜裡頭看得出來，國人對於GUCCI與COACH的喜愛度真是經得起時間考驗，而LV已經敬陪末座，幾個新上榜的品牌有令人莞爾一笑的，也有讓人下巴掉下來的，這也提醒所有要入行的新生們，「流行觀察，觀察流行」是不能偷懶的功課——

⊙ Louis Vuitton名次會掉那麼多原因只有一個，就是數量太少又沒有價差，並不是這個品牌不紅了，我相信直接走進旗艦店購買的名媛貴婦數量並沒有減少，只是以電子商務或拍賣的商業模式來看，沒有量絕對是致命問題，這會讓每成交一筆單品的人事成本相對提高（開實體店面的不在此討論範圍）。

⊙ BURBERRY藍標的地位會下降不是沒有原因，因為這二年日本流行市場變化很快，前面提過的新品牌倍出，瓜分掉了許多甜美日系的市場，再加上藍標這幾年已經不出低價水餃包款，商品的平均單價拉高了，自然會影響市場變化。

⊙ 前面說到藍標不出低價位包款，這塊水餃包市場的轉移從LONGCHAMP躍居排行榜TOP4可以嗅出端倪；這個品牌其實八百年前就在出水餃包了，LONGCHAMP的水餃包是基本款，可以收納摺疊到非常小，比較類似購物袋。只是藍標當道時沒有人注意到它，一直到現在終於熬出頭了，完全取代了原有藍標的水餃包，雖然少了可愛流行的格紋與顏色，好在LONGCHAMP的包款多了分時尚名媛味道，再加上它的價位並不高，果然是景氣不好時最好的選擇！

⊙ MARC by MARC JACOBS會衝到TOP10只能說明，又是一個兩岸三地卻只有台灣望眼欲穿的品牌，相信這個遺憾在H&M、進軍大陸香港時就有許多人快氣死，沒辦法，台灣市場真的太小了啦，而且台灣人的時尚品味還停留在國際級老字號精品的等級，設計師以及跨界這種深度流行文化溝通，對台灣來說有點高難度啦！

Marc Jacobs在自己的同名品牌中喜歡玩有趣味的設計，雨傘上看起來像玫瑰花瓣的圖案其實是2顆心；另一款愛心與口紅其實是隨身鏡子和原子筆的設計！

1-2
日本批貨情報達人養成

在這個宇宙無敵資訊爆炸的年代，如果你不念日文系，也不住在日本，更沒有交一個日本男女朋友，那麼，你有可能成為日本流行資訊達人嗎？日本在國際流行上擁有舉足輕重的影響力，市場變化的速度相當詭譎快速，想要跟上節奏、掌握脈動，只有三腳貓的功夫絕對靠不住，平常就要對日文雜誌與網站保持一定熟悉度，再鍛鍊一下自己的流行敏感度，你也可以成為日本批貨情報達人！

達人密技 ❶
搞懂日系流行雜誌速成班

對很多哈日的女生來說，當年，每個月去書店把心愛的日雜買回來，就跟去朝聖是一樣的大事。2001年第一本日雜《Cawaii!》、《mina》有國際中文版時，那真是台灣女孩歷史上最幸福的一天，而2006年終於等到《ViVi》中文版引進台灣時，說真格的，對我們這一群從小就莫名其妙喜歡日系時尚的人來說，興奮指數絕對是超越在路上遇到金城武的啦！

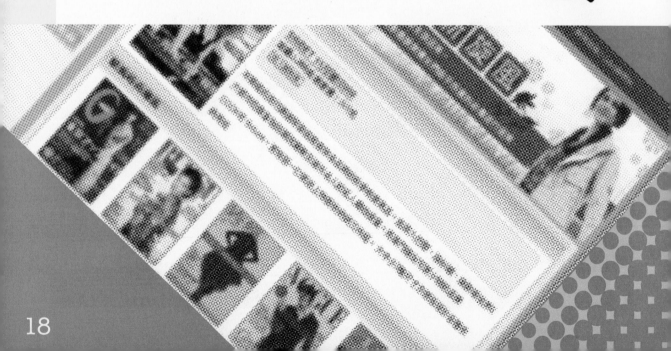

〔日系流行雜誌市場概況〕

　　話說10多年前，日系流行雜誌可真是一點都不流行，要入手非得到當年還在忠孝SOGO設櫃的紀伊國屋去購買，甚至要預訂，不像今天在便利商店就能輕鬆買到，vEr小娜印象中第一本接觸的日雜是《non-no》跟《MORE》，那時候即使看不懂日文，也會從頭到尾認真翻完，現在的你是很難想像那個資訊不發達的年代，當年台北西門町就是所謂哈日重鎮，西門新宿剛發跡時，專門跑單幫帶日本貨的店家屈指可數，記得當年只要是賣日系精品服裝的店家，日雜就一定是店內的基本配備，每當你拿起櫃上的某一件衣服時，老闆娘兼店員就會很熟練把雜誌拿起來翻到某一頁，告訴你手上拿的就是xx雜誌最新一期介紹的商品，即使是10年後的今天，許多店家還是維持著用日雜溝通最新流行的方式，想要掌握日本流行情報，看日雜絕對是蹲馬步的工夫！

　　事實上日本出版業是台灣的好幾十倍大，所以日本本國的女性雜誌數目相當龐大，以自製的流行時尚雜誌類別來看，從13歲國中生的《nicola》，一直到40歲名媛貴婦的《story》都有，甚至這幾年還有年齡層往上的趨勢，主要是因為日本雜誌的出版生態是從「年齡」上對應做規畫，每隔3～5歲年齡，就會有一本適合這個年齡層閱讀的雜誌，同年齡層雜誌大概會有3～5本競爭品出現，許多出版社因為是從年齡層較低的雜誌做起，為了讓同一批讀者不要流失，能跟著雜誌一起成長，再加上專屬model也會長大，所以每個一段時間就會再創刊一本同屬性但適合年齡高一點的雜誌，因此造就了日本光是流行時尚類雜誌就有快80本的驚人需求量！

　　目前國內除了專門販售日文相關圖書雜誌的慕客館外，具規模的連鎖書店，例如：紀伊國屋、誠品、金石堂、何嘉仁、法雅客、Page One也都將日文雜誌這一塊經營得很出色，大部分的原文雜誌這裡都找得到；如果沒有辦法常常逛書店也沒關係，因為國內的網路書店現在也都有完善的服務，vEr小娜相當推薦博客來的日文雜誌館（http://www.books.com.tw/）及JMAG藝游館日文網路書店（http://www.jmag.com.tw/），尤其是博客來，日文雜誌每一期不但有詳盡的翻譯內容，連內容也都有圖片可預覽，讓你決定購買前能獲得充足的資訊。

目前國內代訂日文雜誌較具規模的通路整理

代訂商	紀伊國屋書店	博客來網路書店	JMAG 藝游館日文網路書店	台灣英文雜誌社
零售	Yes	Yes	Yes	Yes
訂閱	Yes	No	Yes	Yes
代訂方式	告知書店代訂雜誌刊名,可以零售也能訂購一年。	網路直接購買,分預售及買現貨二種。 http://www.books.com.tw/	網路直接購買,可預購,有航空版、船運版及免運費長訂版。 http://www.jmag.com.tw/	網路直接購買 http://www.fmp.com.tw/
費用	原日幣定價×0.43＝新台幣售價	照台幣定價,付款金額未滿1000元加收50元處理費。	免運費,長期訂閱最優惠,航空版最貴,航運版便宜但慢。	掛號每期加收 20元,一般運費比照郵局重量計算。
備註	分自取與宅配。宅配運費外加,金額用劃撥方式處理。	可超商取貨,單次未滿350元加收20元。	可超商取貨,單次未滿350元加收20元。 航空版:日本出刊後3至7天內到貨抵台。 船運版:日本出刊後2至3週左右到貨抵台。	訂閱有折扣（約89折）

日文原版女性流行雜誌的種類

目前日系流行雜誌以年紀上來看,還是設定給18～28歲女生為最主流,種類上大至分成五大類型:

A流行時裝:目前最主流的日文雜誌,風格又分日系、歐系與街頭,對應到年齡又可再細分到10幾種,對象從高中生到OL、名媛貴婦都有。

B美妝美甲美髮:專門談論beauty相關議題,目前在台灣沒有國際中文版。

C精品專刊:日本人愛精品名牌,所以精品品牌也都會固定發行專刊,裡頭會有最新商品以及全商品的介紹。

D品牌專刊:每年春夏及秋冬季節交替時,許多品牌都會舉辦紙上fashion show,提供當季流行品牌的最新款式目錄,通常還會附上該品牌限量設計單品喔!

E郵購型錄:日本的郵購通販相當發達,許多品牌及購物中心都會固定出郵購型錄,讓大家坐在家裡就能享受血拚快感。

以日本女性雜誌的分類來說,因為詮釋不同、國情不同,拿到台灣來套用就顯得複雜,但為了成為時尚達人,還是得要有全盤了解。vEr小娜用二種方式來讓大家快速掌握日本女性雜誌的全貌,一種是忠於日本流行語言的分類,另一個則是對應雜誌訴求的年齡來說明。

人氣名模梨花代言的 ALBA ROSA 2008 s/s春夏新品專刊,送一件op小洋裝喔!

這是日文網站GIRLSWOMAN對女性雜誌的風格分類，雖然分得很細，但卻是貼近日本當地流行文化的分類。

●ファッション誌からブランドを探そう

ギャル系　GAL風，就是渉谷系

Cawaii!　egg　ES POSHH!　Happie Nuts　JELLY　Popteen　Ranzuki　小悪魔ageha

大人ギャル系　大人GAL風，就是渉谷系的輕熟女版

BLENDA　GISELe　GLAMOROUS　GLITTER　S Cawaii!　ViVi

大人カワイイ系　大人戀愛風，就是比較甜美風格的輕熟女

CanCam　InRed　JJ　PINKY　Ray　spring　sweet

ストリート・カジュアル系　Street casual，就是街頭休閒風

an・an　CUTiE　JILLE　mina　mini　non-no　PS　SEDA　Soup.　Zipper

B系　B系，這是專攻PUB穿搭的style

LUIRE　Woofin Girl

OL系　OL風，就是Office Lady Style

AneCan　BOAO　CLASSY.　MISS　MORE　Oggi　Steady.　style　with

キャリア系　更成熟的OL風，是30歳～40歳的風格

BAILA　DOMANI　GRACE　Grazia　LEE　marisol　Precious　STORY　VERY

セレブ系　名媛貴婦風

25ans　NIKITA

ハイファッション系　High Fashion高級時裝風

装苑　FUDGE　GINZA　SPUR

妹系　年輕小女生的風格

ELLE girl　Hanachu　nicola　SEVENTEEN　ピチレモン　ラブベリー

海外誌の日本版　國際日文版

ELLE JAPON　NYLON JAPAN　VOGUE NIPPON

GAL風

大人GAL風

大人戀愛風

名媛貴婦風

成熟的OL風

街頭休閒風

下面這幾個象限圖可以幫助大家快速了解日文女性雜誌的屬性以及分類，由於前面提過她們會以年齡做區隔，所以同一個style也會有適合不同年齡層的雜誌。

STYLE：甜美80%×優雅20%

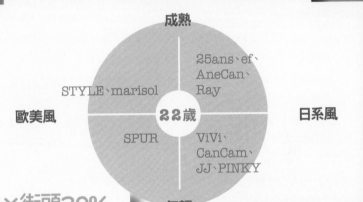

成熟

STYLE、marisol

25ans、ef、AneCan、Ray

歐美風　　**22歲**　　日系風

SPUR

ViVi、CanCam、JJ、PINKY

年輕

STYLE：個性70%×街頭30%

成熟

NYLON JAPAN

Spring、PS

歐美風　　**18歲**　　日系風

Zipperi、mini、CUTiE、Seventeen、non-no

年輕

STYLE：性感70%×甜美30%

成熟

GLITTER、GLAMOROUS

S-Cawaii

歐美風　　**22歲**　　日系風

RUSSH JAPAN

Cawaii、Popteen、SWEET、Honey girl

年輕

國際中文版與日文原版

　　大家可能會覺得奇怪，台灣人那麼哈日，流行動態更是分分秒秒追著東京跑，為何日雜的國際中文版那麼少？其實原因很簡單，一來是日本人做事比較謹慎，授權出版社的品質是否讓日本人信得過非常重要；再來最主要的是，日本雜誌授權費是出了名的超級天價，並非每家雜誌社都能負荷，加上這幾年出版市場萎縮，連日文原版雜誌進台灣都有可能面臨悄悄撤掉的命運，更難期待日雜國際中文版的誕生了！

　　目前台灣的日雜中文版，較集中在少女流行時尚的類型，美妝類雜誌則以本土自製居多，雖然國內曾經有出版集團看準日系美妝類雜誌的市場利基，有計畫引進日本講談社旗下的輕熟女美妝雜誌《Voce》，最後還是在多方評估後作罷，讓國人無緣見到第一手的日本暢銷美妝雜誌。乍看之下，日文雜誌有了國際中文版後，應該就可以功臣身退了，但事實上並不是如此，國際中文版並不能完全取代原文雜誌，vEr小娜幫大家綜合整理了一下，相信大家很快就可以理解日文原文雜誌的重要性。

日文原版雜誌非看不可的三大理由

一、中文翻譯版選擇性太少

　　前面提到日本出版市場是我們的好幾十倍大，所以光是主流的18~28歲女性閱讀的雜誌大概就有快60本左右，但台灣的中文翻譯版卻連10本都不到，而且風格統一，幾乎沒有選擇，清一色是標準日系美少女掛（ViVi、Mina）+OL掛（ef、with），如果你喜歡的是其他風格流行，如：古著、關西、街頭、歐風等，想要與日本流行同步，就非看原文版不可。

　　其實，日本女性潮流街頭風Spring雜誌就曾經二度來台發行過中文版，最後還是不敵日系甜美主流，目前台灣潮流街頭雜誌市場主要還是男性為主！

二、國際中文版只有原文內容的60%~70%

　　如果你沒有每期雜誌拿來比對，你可能不容易發現，事實上二者的內容並非完全相同，因為國際中文版會有本地廣告的需求，所以原文版內容就會有部分被換掉，國內代理商會從時效性、執行面去評估抽掉的內容，所以千萬不要以為「國際中文版＝日文原版」，想要掌握全面性的流行資訊，絕對還是要雙管齊下，同時掌握日本原文雜誌及中文翻譯版。

（左）中文版（右）日本版
雖然封面一樣，但左邊中文版是10月上市，右邊日文版是9月上市，也就是說你讀的10月號ViVi中文版，其實在日本已經是一個月前的資訊了。

三、免去出刊時間差,與日本流行同步

　　眼尖的人可能會發現,日本原文雜誌通常都提前出刊,這跟國內的出版生態非常不一樣,國內通常是月初買當月雜誌,但日本的雜誌往往提前2個月就可以做下期預告,提前1個月就出刊,也就是說一樣是月初5號,卻可以買到「下個月」的新雜誌;像日本這樣流行節奏飛快的國家,新品牌上市、新店舖開幕、品牌活動等,這些訊息每個月都在更新,所以流行敏感度必須隨時保持警戒,能夠提早1個月了解當地的流行資訊,這對所有想要操作日本線商品的買手而言,是能彌補無法住在日本取得第一手情報的遺憾。

←博客來日文雜誌館的預購電子報。

　　日文雜誌的出刊日大致上分成三種,月底、月初和月中,也就是整個月,從月初到月底都有雜誌會出刊,為了要能隨時掌握情報,最好的方式就是訂網路版的預購電子報,但要特別注意不同出刊時間的雜誌,會購買到的期數因此會有差別。

　　舉個例來說,冬季折扣是每年1月開始,你往前到推1個月,也就是12月的時候就要去買《Cawaii》原文雜誌,而你買到的那期雜誌也就會是日文版的1月號喔!

出刊區間	上架雜誌	期別號及內容
月初(10號以前)	AneCan、Cawaii、ViVi、GLAMOROUS、mini、NON-NO、NYLON JAPAN、POPTEEN、PS、SEVENTEEN。	本期+1=下個月號
月中(20號以前)	CUTiE、RUSSH JAPAN、Scawaii、Sweet。	本期+1=下個月號
月底(31號以前)	25ans、CanCam、GISELE、JJ、PINKY、Ray、spring、SPUR、STYLE、Zipper。	本期+2=下2個月號

11月底時ViVi官網就已經有明年1月號的雜誌內容預告了。

達人密技 ②
不熟日文也會使用日文網站

　　了解日文流行雜誌後還不能鬆一口氣喔，因為日本不但是個平面出版業發達的國家，網路方面的發展也成熟的令人佩服；日本企業很早就有實體與虛擬同步的觀念，因此無論是出版品或是實體店面，都會有計畫地把服務和內容數位化，用強大的資料庫做後盾。所以，只要有心找日本資訊並不困難，這個國家很習慣把資料電子化，再進行多面向串連與整合，尤其是內容網站與電子商務網站的整合最為驚人，這樣的網路盛況，是台灣目前望塵莫及的。

　　因此，想要成為日本流行資訊達人，逛日文網站更是不可偷懶的「每日home work」，畢竟雜誌是每月出刊一次，網路資訊可是天天更新，vEr小娜建議大家不管懂不懂日文，都一定要訓練自己固定逛日文網站，因為網站有即時性、大量資料庫以及影音多媒體等特性，常常會讓你有新發現。通常你在日文網路上取得的各種情報，保證可以媲美同步在地生活，有時網站比雜誌更容易截取你要找的資訊，熟悉日本流行網站後你會發現，日本資訊流通的成熟度實在是不可思議的完整與迅速啊！

快速搞懂日本網站功能

　　日本時尚網站幾乎都兼具內容提供與線上購物功能。以下表格中不同分類的網站也可能重複出現喔！不過這些的線上購物都只限定日本本地，當然現在台灣也有日本代標、代購網站，但都要收取不便宜的服務費，所以如果你能有在日本當地配合的朋友才是最好的商機喔！

※以上圖片翻拍自各官網

屬性	功能	大驚喜	推薦網站
時尚主題入口網站	⊙時尚、買物、名人明星大事。 ⊙流行雜誌最新內容及過往資料查詢。 ⊙認識新品牌、查詢店家資訊。	⊙時尚活動花絮整理。（多媒體影音版） ⊙結合電子商務	YAHOO JAPAN！—fashion： http://fashion.yahoo.co.jp/ fashionwalker.com： http://www.fashionwalker.com/ girlswalker.com： http://www.girlswalker.com/ magaseek：http://www.magaseek.com/
雜誌官網	⊙當期目錄、流行品牌、款式、內容、附錄別冊或禮物，以及下期預告。 ⊙本期哪些人氣model穿的是哪些品牌。 ⊙認識新品牌、model最新動態。	⊙與電子商務網站合作，可線上購物，品牌都是雜誌內報導的品牌。 ⊙線上電子雜誌。（精彩預覽） ⊙人氣model's BLOG。 ⊙outlet商品撿便宜。	GLAMOROUS：http://gla.tv/ ViVi：http://ViVi.tv/ http://www.netViVi.cc/（購物） S CAWAII：http://www.scawa.cc/index.php/ Can Cam：http://cancam.tv/ Ane CanCan： http://www.anecan.tv/index.html PS：http://www.pretty-style.com/ Popteen：http://www.popteen.jp/ JJ：http://jj-m.jp/、http://jj-m.jp/shop/（購物）

※以上圖片翻拍自各官網

屬性	功能	大驚喜	推薦網站
電子商務網站	⊙認識品牌及風格。 ⊙查詢品牌款式動態。（暢銷、限定、再入荷……）	⊙outlet商品撿便宜。	WWWCITY：http://www.wwcity.co.jp/ ZOZOTOWN：http://zozo.jp/town/ Fashionwalker.com： http://www.fashionwalker.com/ Stylife：http://www.stylife.co.jp/sf/ Magaseek：http://www.magaseek.com/
購物重鎮網站	⊙重要活動（折扣季、福袋、購物節等） ⊙新品牌加入開櫃、櫃位移動。 ⊙各品牌重要大事、樓層介紹。	⊙新發售、再入荷款式…… ⊙該購物中心發售限定款品。	SHIBUY 109：http://www.shibuya109.jp/ Laforet：http://www.laforet.ne.jp ISETAN：http://www.isetan.co.jp PARCO：http://www.parco-shibuya.com ALTA：http://www.altastyle.com/shinjuku/ 折扣季、搶福袋前1個月一定要來check活動時間跟special內容！
品牌官網	⊙品牌大事 ⊙認識品牌、代言人、最新一季新款。	⊙outlet商品撿便宜。 ⊙本月哪些款式有上媒體報導露出。	此部分請上http://www.yahoo.co.jp/ 輸入品牌英文名稱，多半可以找到。
小幫手Yellow page	⊙查詢店鋪情報。 ⊙當期雜誌人氣model展演示範的品牌與款式。	⊙認識品牌及所屬集團。 ⊙流行服飾品牌店長、店員穿搭SNAP。	GirlsWoman：http://g-w.st/pc/brand.php/ SHOP NAVI：http://navi.fashionwalker.com/ Magaseek：http://www.magaseek.com/

※以上圖片翻拍自各官網

YAHOO JAPAN！—fashion

http://fashion.yahoo.co.jp/

　　台灣跟日本的Yahoo這幾年開始結合時尚雜誌提供fashion相關內容，並成立獨立頻道，相較於台灣單一用雜誌文章內容呈現，日本的Yahoo fashion經營的就顯得更為成熟，不但內容豐富，並將流行相關資訊規畫成FASHION、BEAUTY、X BRAND三個獨立頻道，business model操作上更深入將品牌相關資訊、最新消息等整合進來，最後還可以查詢各品牌店家資訊，對最末端想要買東西的消費者而言非常貼心方便！

YAHOO JAPAN

頻道	時尚 YAHOO FASHION http://fashion.yahoo.co.jp/	美容保養 YAHOO BEAUTY http://beauty.yahoo.co.jp/	雜誌 X BRAND http://xbrand.yahoo.co.jp/
內容	⊙ 線上電子雜誌 ⊙ 街頭SNAP ⊙ 熱門討論＋知識家 ⊙ A~Z品牌介紹 ⊙ 新聞＆快訊 ⊙ 全國店家查詢	⊙ 美妝保養 ⊙ 瘦身 ⊙ 全國美髮沙龍店家查詢 ⊙ 流行髮型	雜誌文章（時尚、美食、商業、旅遊、設計……）
特色	⊙ 資訊實用度★★★★★ ⊙ NEWS時效性★★★★ ⊙ 結合店家、品牌資訊及 　電子商務	⊙ 資訊實用度★★★★ ⊙ NEWS時效性★★★★ ⊙ 結合店家、品牌資訊及 　網友評鑑	⊙ 資訊實用度★ ⊙ NEWS時效性★★★ ⊙ 合作雜誌僅22本

fashionwalker.com

http://www.FASHIONWALKER.com

⊙屬性：流行一線品牌專館的電子商務網站，屬於超完美實用網站。

⊙功能：查詢品牌最新款式、熱賣單品、預約款式、單品售價、流行新品牌。

　　日本人很喜歡用walker這個字，其實就是情報誌的意思！台灣與日本電子商務網站最大的差別在於，台灣的強項在自營品牌（如：grace gift……）以及美妝保養品這個部分，最弱的就是一線流行服飾品牌這一塊，目前為止都沒有單位可以整合這一塊市場，把商品資訊電子化、透明化放在網路上，但日本在這一塊做得非常完備成熟。

　　fashionwalker.com是目前日本最大的時尚主題網站，隸屬住友商事旗下經營的事業體之一，前面提到的YAHOO!FASHION其實也是由他們經營；如果你想要對流行資訊快速上手，這個網站集合了所有流行相關資訊的大補帖，包括：品牌風格、熱門單品、雜誌揭載新品……簡直就是在看ViVi、Cawaii等雜誌揭載商品的線上型錄版，許多品牌的最新消息、獨家活動也都會在這裡出現，保證讓你在一天之內就對日本流行資訊的了解突飛猛進！

GIRLSWALKER.com

http://www.girlswalker.com/

⊙屬性：看準年輕女生衝動購物特性的手機平台購物網站。屬於手機平台
　　　　結合網路的時尚社群購物網站。

⊙功能：查詢最新流行品牌、款式、熱賣單品、outlet商品……透過網路或
　　　　手機下單。

　　嚴格說起來，GIRLSWALKER與FASHIONWALKER算是姊妹網站，只是GIRLSWALKER是以手機平台為主；日本電信發展成熟，世界聞名，GIRLSWALKER是由日本知名行動商務業者Xavel所經營，跨平台同時經營網路與手機平台，將這二種不同媒體規畫深度連結，網站上的資訊都可以透過手機瀏覽，找到最新的流行趨勢報導、各種女生美容、穿搭的流行買物調查，並有流行大事的活動搶先報，最棒的是可以直接用手機瀏覽fashionwalker.com血拚，當然，這些福利一樣只有日本妹才享受得到！

GIRLSWALKER是以提供線上與手機版的即時流行資訊為主要業務。

最新一期sweet揭載商品的完整介紹，雖然要購買必須透過代買網站，但這是很好查詢單品售價及各品牌人氣款式的大幫手喔！

覺得每次閱讀ViVi、Cawaii……都有許多還不認識的品牌嗎？fashionwalker的規畫是線上百貨公司方式，每一個樓層都是一種style的品牌，用這樣的方式認識品牌很快喔。

http://navi.fashionwalker.com/這裡有全國店鋪查詢的功能，還可以看到喜歡品牌的門市店員、店長的穿搭！

流行品牌工作機會的人力資源網站,像我們的104喔。

A~Z的品牌都有喔!

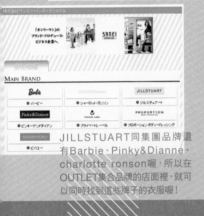

JILLSTUART同集團品牌還有Barbie、Pinky&Dianne、charlotte ronson喔,所以在OUTLET集合品牌的店面裡,就可以同時找到這些牌子的衣服喔!

Lagunamoon在東京的門市一下就可以查到喔!

Girlswoman

http://g-w.st/

http://g-w.st/pc/brand.php

⊙屬性:猶如流行品牌工作機會情報的104,如果你想在日本到自己喜歡的服裝品牌工作的話,一定要用這個網站喔!

⊙功能:可查詢A~Z品牌公司資訊、隸屬集團、全國門市、工作機會。

　　如果你在《ViVi》裡頭看到不認識的新品牌,來Girlswoman就對了!它有點像是我們的104求職求才網,只不過台灣的時尚產業沒有這麼發達,所以很難有單獨分類查詢,但日本卻有專門提供時尚流行類工作機會的網站,完全focus女生們的流行時尚工作,這裡提供詳細的品牌會社資訊,當然也查得到同集團旗下還有哪些品牌,此外,還能查詢A~Z品牌全國各地的分店門市資訊,如果要針對單一品牌掃貨的人來說,可以幫助行程規畫,非常方便。

magaseek

http://www.magaseek.com/

⊙屬性:結合流行雜誌情報揭載與電子商務的網站。

⊙功能:可指定查詢每期雜誌內刊登的品牌款式資訊,並可直接線上購物。

　　Magaseek是以購物商場概念經營的電子商務網站,品牌的分類法是依據style而來,從精品品牌到流行品牌都有,這裡還能查詢到《CanCam》、《AneCan》、《with》、《MORE》、《Ray》、《non-no》、《Oggi》、《JJ》、《CLASSY》、《ViVi》、《sweet》、《mina》、《steady》、《PS》、《PINKY》等雜誌每期報導的流行服飾品牌清單。

12月號CanCam出現過的品牌及款式。

magaseek 蒐集整理了超過15本以上流行雜誌模特兒穿搭的服飾品牌喔!

※以上圖片翻拍自各官網

達人密技 ❸
流行&商機敏感度100%保證班

敏感度這三個字聽起來好像很摸不著邊際，既沒有書本教你，坊間也沒有這種課程，就算連批店老闆娘也很難講清楚說明白，但它卻是最重要的一技之長！想要成為日本流行情報達人就一定要具備「100%流行&商機敏感度」，而這個敏感度並不是決定於你的「日文程度」，或者你每年去日本的次數，vEr小娜認為50%是天生獨到的品味眼光，另外50%是可以透過訓練！無論是雜誌還是網站，這些都是公開的資訊，只要你有心，就算連批店這樣的業界低調資訊一樣查得到，所以如何運用這些公開資源變成可以賺錢的工具─「流行&商機敏感度」才是關鍵！

敏感度達人養成小幫手

敏感度練訓都不脫下面幾個範圍，只是成熟度就要靠經驗與做功課練習：

敏感度1 ➡ 品牌與所屬風格

敏感度2 ➡ 名模、代言人

敏感度3 ➡ 年度流行大件事

敏感度4 ➡ 購物中心NEWS

vEr小娜也將閱讀日文雜誌以及逛日本網站當成是每日功課，幫大家規畫了一個30天份的日本流行情報達人養成指定課表，希望大家可以按表操課！

達人功課表

每日功課	每周功課	每月月中功課	每月底～隔月初功課
逛時尚入口網站	⊙ 品牌官網 ⊙ 購物中心官網 ⊙ 電子商務網站	從日文雜誌的預購電子報廣告，了解下期雜誌內容，贈品規畫，並擬定預購名單。	⊙ 購買、預購下個月雜誌。 ⊙ 本月雜誌送到，開始解讀密碼。

雜誌購買提醒

⊙ 12月：福袋與冬季折扣法則議題出籠，計畫1月去採購的一定要注意《Cawaii》、《Popteen》、《ViVi》，會有相關情報及教戰守則。

⊙ 6月：夏季折扣法則或必搶單品議題出籠，計畫7月採購的要特別注意。

所謂內行人看門道，外行人看熱鬧，日文雜誌除了提供內容情報外，事實上他從封面到封底都藏著可以賺錢的密碼--封面的英文、數字標題、隨書附贈禮物的品牌，甚至內頁的廣告，你都應該要練就一套採購快譯通的本領，只要一看到這些關鍵訊息，馬上就能換算出利潤指數喔！

現在，就跟著vEr小娜深入了解日系流行&商機敏感度的重點，100%保證班準時開課—

Class 1

隨書贈禮品牌，都是超夯完銷明牌

vEr小娜因為工作的關係，每個月必須花在買中文雜誌及日文原版雜誌的金額大概是NT$5000元左右，長時間下來觀察發現，國內的女性雜誌其實也常常會隨書附贈禮物，從贈品送到正品，有愈送愈誇張的趨勢，禮物的內容不脫離保養美妝相關產品，但要是跟日本原文雜誌送的禮物相比，可就遜色多了！

日文原版雜誌也常會隨書附贈小禮物，這個行銷模式幾乎是應用在所有類型的雜誌上，包括男性、女性、潮流、美妝……甚至是迪士尼系列的專刊，只要看到封面刊名附近，有商品壓底的方式凸顯，通常那就是代表本期有好康，隨書附贈的禮物從化妝包、托特包、購物袋、鏡子、飾品、人字拖等，有時遇上雜誌週年慶時，連名牌手帕、K金項鍊都能送，大手筆之程度絕對讓人傻眼，而且她們最擅長與知名流行時裝品牌合作推出「跨界設計」的商品，而且保證都是「限定品」，也就是說，他雖然是流行品牌，但你在該品牌的專櫃與店面上是買不到的，雜誌賣光，就代表該禮物也就「絕版」，只能上拍賣去買了！

原文日雜附贈的隨書禮物必定有三大特色：1.人氣紅牌或有潛力新牌、2.實用商品、3.禮物價值超過雜誌售價。而且每家雜誌還會挑選風格適合的品牌合作，像《Cawaii》這種一定會挑選109裡頭有的品牌，而《NYLON JAPAN》或《RUSSH》這種style的雜誌就常常跟Crystal Ball狗頭包合作，所以你可以把這些品牌當成流行敏感度風向球，跟著這些人氣附贈禮物品牌走絕對不會錯！

日文版RUSSH隨書附贈人氣紅牌狗頭包的化妝包。

GET Present！超值附錄

Sweet隨書附贈設計師品牌BETSEY JOHNSON萬用化妝包。

也因為這些附贈禮物既實用又物超所值,所以必須每個月隨時注意預購消息才不會錯過,vEr小娜幫大家整理了一些預購、上架,馬上就賣光的禮物類型及品牌LIST給大家參考:

熱賣TOP1♥化妝包

有品牌的化妝包是原文日雜最喜歡贈送的禮物之一,而且這些品牌都不是小角色,常是時下最夯的設計師品牌:JILL STUART、TSUMORI CHISATO、甚至see by chloé都曾跟日本原文雜誌配合過,這點是目前國內女性雜誌望塵莫及的行銷手法,也難怪只要是推出這類型禮物,保證幾小時之內預購就結束了。

雜誌／期數	隨書禮物
《Style》 5月號/2008	PAUL&JOE化妝包
《WOOFIN'girl》 10月號/2007	Betsey Johnson化妝包
《Sweet》 2月號/2007	moussy特製化妝包
《Sweet》 5月號/2008	JILL STUART化妝包
《spring》 4月號/2008	特製TSUMORI CHISATO花樣化妝包
《NYLON JAPAN》 5月號	SLY×NYLON特製化妝包
《REINA》/2008	Cher特製化妝包
《SPUR》 4月號/2008	see by chloé化妝包/萬用袋
《PINKY》 10月/2008	Snidel萬用包
《PS》 10月號/2008	TSUMORI CHISATO化妝盒
《Non-no》 9月/2008	ANNA SUI 2用化妝包

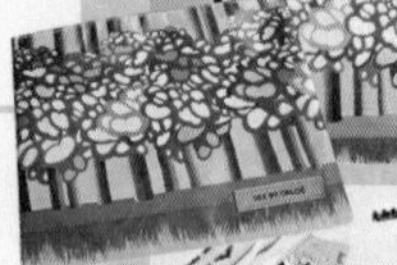

↓與snidel當季暢銷款式針織衫外套同款設計的萬用袋,可以配成一套喔!

熱賣TOP2♥購物袋、托特包

買雜誌送購物袋？沒錯，是真的購物袋，大小是可以裝得下離家出走細軟的尺寸，而且一樣是知名品牌的聯名商品：109天牌SLY、人氣正直線上升的狗頭包Crystal Ball、還有名模梨花愛用的Cher LOGO包……這些都是在超夯人氣品牌，原本在專櫃內同類型商品起碼都是價值近千元的單品，現在是隨著售價300～400元的雜誌當贈品，當然趕快預購起來保證成為拍賣上的搶手貨。

雜誌／期數	隨書禮物
《Cawaii》 9月/2008	CECIL McBEE海灘肩背包
《IN RED》 9月/2008	ZUCCa購物袋
《non-no》 6月/2008	MILKFED 印有粉紅色愛心和logo的迷你版環保包
《NYLON JAPAN》 6月/2008	Crystal Ball購物袋
《Sweet》 4月/2008	Cher手提袋（超夯梨花包）
《Cher* REINA》	夏日笑臉彩虹清涼海灘果凍袋
《CUTiE》 11月/2008	LOWRYS FARM冰淇淋托特包

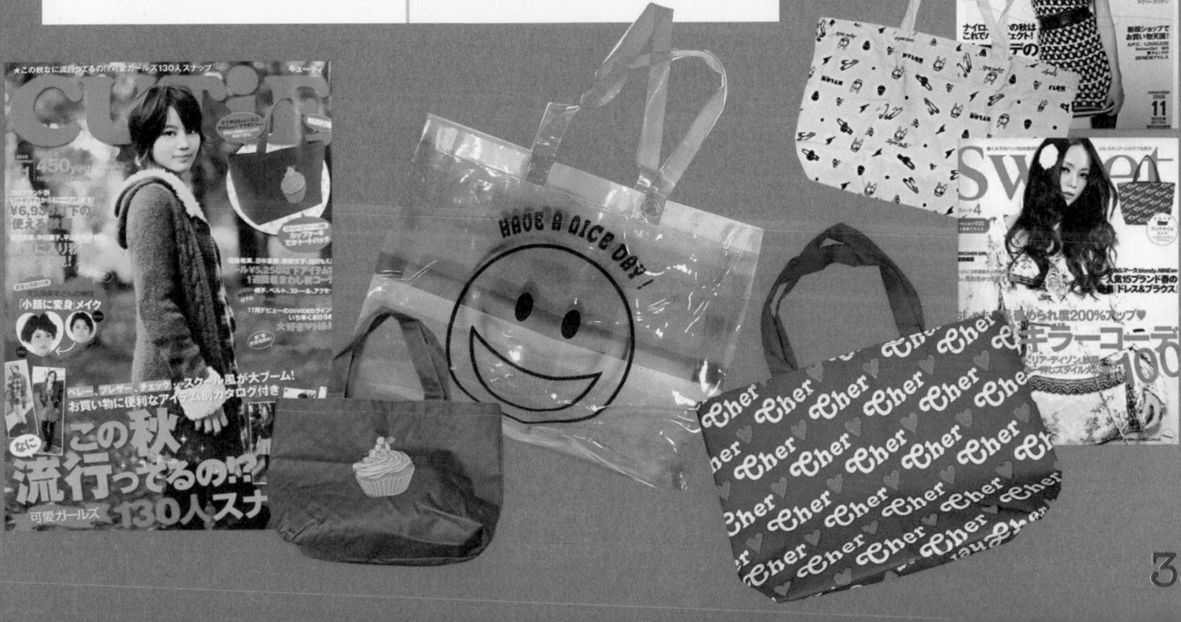

35

熱賣TOP3♥超值小物

　　除了包包類，日本人最擅長的就是設計各種貼心小物，很多你意想不到的實用單品，不但設計得讓你愛不釋手，還曾經是隨書贈品的禮物喔！

　　到底還有什麼超值品可以刺激女性雜誌購買？從08年送的禮物來看，就知道這個市場競爭有多白熱化了：海灘鞋、K金墜飾、T-Shirt等，超值的禮物讓當期雜誌一上架就銷售一空。

雜誌／期數	隨書禮物
《Ray》 7月/2008	COACH手帕
《ViVi》 7月/2008	18K金信息墜飾（25週年紀念）
《GISELe》 8月/2008	Cher人字拖
《NYLON JAPAN》 9月/2008	Cher心型零錢包
《Sweet》 9月/2008	Deciy豹紋室內保暖鞋組

品牌專刊超值限定商品

　　除了一般雜誌會隨書附贈小禮物外，還有另外一種品牌專刊會隨書附贈價值不斐的禮物，這種品牌專刊有點像是換季型錄，介紹最新一季流新款式，以設計師品牌或人氣當紅品牌為主，專刊的製作比較精緻，所以價格比一般雜誌較高，約都在NT$400~800之間，隨書贈送的禮物多半是品牌限定包包或實用紀念物，甚至衣服或內衣都曾經成為隨書附贈禮物，等於直接購買該品牌的單品，換算成當季正品起碼也有2倍價值，所以通常這種專刊都是限量發售，所以每次一出現預購，一下就搶購一空囉！

TSUMORI CHISATO
07~08秋冬專刊，送同名設計師水玉購物袋。

X-girl A/W秋冬專刊送豹紋托特包。

ALBA ROSA 08春夏
專刊送了一件當季正流行的小碎花洋裝。

vEr小娜
碎碎念

Class 2

鎖定雜誌對應風格，才能找到「對的」品牌

要練習流行敏感度，就要先認識品牌，每個品牌的風格、價位、日本當地熱門程度等，都要有基本了解，建議可以從你喜歡風格的雜誌下手，因為這代表你喜歡風格的品牌也都會出現在這些雜誌裡，千萬不要像無頭蒼蠅一樣什麼品牌都操作，通常同一種類型的雜誌，model穿搭的品牌往往會重複出現，你可以把這些品牌記下來，經過一季以後你就可以抓到重點，熟悉每個品牌的風格後，未來要採購時，對於單品就能很準確。

日文流行雜誌的選擇太多，vEr小娜也不建議大家什麼都要看，通常只有流行線編輯為了工作才會大量閱讀原文雜誌，再說日文雜誌並不便宜，每本都買費用嚇死人，所以先弄清楚你的目的，這樣才容易找到你需要固定翻閱的日文雜誌，單純的學習風格穿搭，跟想要帶貨回來拚現金可是有差別的喔！

建議先買中文版練習看品牌，因為中文版一定會把品牌翻譯成英文，大部分日文原版雜誌除了主圖會標示英文品牌名稱，很多時候圖片說明的文字部分幾乎都是用日文標示，例如：JILL STUART在圖示的時候會變成ジルスチュアート，BURBERRY會變成バーバリー，這對看不懂日文的人來說難度太高。有時品牌是外來語時，用翻譯軟體「日翻中」反而翻不出來，可以嘗試用「日翻英」，就能很快的翻出來。

この秋ラブコール殺到の
ブリティッシュチェック柄は
主役級アイテムでNo.1に躍り出る

STYLE	穿搭風格學習	拍賣賺錢可閱讀
主流掛／日系青春少女流行（年輕性感版，俗稱涉谷系）	《Cawaii》、《POPTEEN》 這二本雜誌就是涉谷系代表，想要成為涉谷GIRL，看這二本雜誌就對了。 很多人以為涉谷系就是踩著恨天高的烤肉妹，nonono等涉谷系的名人代表有濱崎步、倖田來未、安室奈美惠，台灣的小天后Jolin，穿衣風格雖然多混搭，但她還是比較偏向涉谷系GIRLS喔！	《Cawaii》、《POPTEEN》 涉谷系代表的購物場所就屬SHIBUYA 109和新宿的ALTA，CECIL McBEE、moussy、SLY等都是109的天牌，目前在網路購物和拍賣上的確很紅，熟悉這二本雜誌，就絕對能掌握109的任何動態，福袋與折扣情報也絕對比別人都會搶先一步！
日系青春古著街頭風	《PS》、《spring》、《Zipper》、《CUTiE》、《mini》 古著並不是就是二手衣，古著的style比較偏潮流與街頭，這裡的風格因為比較年輕，所以其實還是帶著甜美的！	《PS》、《Zipper》 這種風格特別注重整體穿搭，不像前主流掛，牌子＝風格；通常這類型賣家常常自行搭配後用某期雜誌內頁搭配圖說表現。
主流掛／日系甜美成熟風（輕熟女）	《ViVi》、《25ans》、《Sweet》 這系列雜誌就是給想趕快變大人，有女人味的標準日系風格，個人覺得雖然CanCam與JJ也屬於個類別，但以目前日系主流市場來說，還是ViVi當道，尤其是她們家一字排開的混血model。	《ViVi》 這是台灣目前最大的日系主流風格，只要是雜誌內人氣model穿搭過的品牌以及單品，就是熱賣保證。
甜美成熟OL風	《AneCan》、《ef》 這系列雜誌主要是設定給已經在上班的女生，所以穿搭等style會較成熟，但還是以甜美為主。	品牌與前項重複。

Class 3

跟著雜誌人氣model，就是搶手商品正字標記

　　常逛拍賣網站的人一定常會發現一種奇特的溝通現象，時尚精品類商品只要掛上「孫芸芸最愛」、日本線商品只要打著「ViVi xx期LENA款」等字眼，這些商品款式或品牌保證就是超夯搶手貨！眼尖的人可能會發現，怎麼一個是打名媛牌，一個是打名模牌，說也奇怪，名模在台灣時尚圈似乎沒有太多銷售與知名度的幫助，反觀日本卻不然，日本的model幾乎是流行時尚雜誌養出來的，甚至還有雜誌專屬model；不僅如此，台灣流行雜誌封面的經營方式是走明星藝人制，哪位線上明星要出片或者有活動，就很容易在同一個月份的各家雜誌上看到她的臉，所以大家走進7-11可能常會發現，明明出現在時尚雜誌上的藝人，卻也同時出現在美食情報的雜誌封面。

　　日本流行雜誌經營的方式比較不太一樣，除了走明星藝人模式外，幾本人氣超高的雜誌都是走「專屬model」甚至「固定model」模式（一年12期都是同一人），就算封面是明星，也可能是專屬封面明星，如果你覺得日系雜誌多到來不及認識，也沒把握搞清楚那些不知如何發音的刊名，vEr小娜教大家一個比較簡單的方法，那就從日文雜誌的專屬模特兒去加速熟悉某種STYLE的流行相關資訊吧！

你一定要認識的人氣雜誌專屬model

　　每個月model在雜誌上穿搭的品牌或款式，對讀者而言是很重要的溝通訊息，也因此會創造這些品牌或款式成為人氣商品，所以你可以不認識台灣的名模，卻不能不認識日本流行雜誌裡的人氣model喔！

⊙ViVi專屬：藤井LENA、長谷川潤、Marie、知夏子
⊙CanCam專屬：、姥原友里、山田優
⊙SWEET專屬：梨花、吉川雛乃

2008年最火紅的cher購物袋在網拍上有另一個名字～「梨花包」，因為日本知名model梨花曾背過這款包包，因此讓cher包從2008春天一直紅到年底。

※以上圖片翻拍自ViVi、CanC

快速認識日本雜誌常出現的model!

藤井リナ LENA
⊙出生地：東京
⊙生日：1984.7.2
《ViVi》的忠實讀者對Lena的臉孔一點都不會陌生，超高人氣的她算得上台灣與日本女生心目中的甜美性感女神，近年不但有寫真集推出，還跨足唱片界，可說是才女一個。

長谷川潤
⊙出生地：美國
⊙生日：1986.6.5
在日本跟台灣都具有超高人氣的混血名模，不但是多家女性雜誌的一線model，也是化妝品廣告的寵兒。
《ViVi》的專屬model，但她的蹤影幾乎在其他知名女性雜誌上也都看得到：《25ans》、《JJ》、《NYLON JAPAN》、《WOOFIN' girl》。

ET SEASON: RIN
PHOTOGRAPHY: YOK

大屋夏南
⊙出生地：巴西
⊙生日：1987.11.10
《ViVi》、《GLAMOROUS》、《Sweet》的專屬model。

山田優
⊙出生地：沖繩
⊙生日：1984.7.5
《CanCam》專屬model，也是佳麗寶化妝品「T'ESTIMO」「ALLIE」防曬乳廣告的代言人，喜歡看日劇的人對他一定不陌生，因為除了model，她也兼具演員、歌手的多重身份，是漂亮的全方位藝人代表。

Marie
⊙出身地：日本
⊙生日：1987.6.20
《ViVi》專屬model

梨花 rinka
⊙出生地：東京
⊙生日：1973.5.21

姥原友里
⊙出身地：日本
⊙生日：1979.10.3
《CanCam》專屬
model，也是資生堂著
名廣告ANESSA防曬
霜的女主角。

渡邊知夏子
⊙出身地：日本
⊙生日：1985.7.24
《ViVi》專屬model。

紗羅マリー
⊙出身地：日本
⊙生日：1986.12.12
《ViVi》、《PS》專屬
model。

メロディー洋子
⊙出生地：美國
⊙生日：1988.7.30
《GLAMOROUS》、
《CLASSY》、
《Regina》、《REINA》
專屬model。

LIZE
⊙出生地：德國
⊙生日：1989.7.5
《JJ》專屬model。

吉川 ひなの
⊙出生地：日本
⊙生日：1979.12.21
演員、model。

最新的小布染髮霜，可以染出跟小布娃娃一樣顏色多變化又有光澤的頭髮喔！

日本二大爆乳人氣內衣品牌Ravijour、Laguna Moon都找《ViVi》專屬model代言並拍攝每季型錄。

梨花幫ALBA ROSA赴非洲拍攝最新目錄。

Class 4

隱藏在原文雜誌廣告頁的時尚密碼

　　很多人不知道，廣告在雜誌裡頭扮演非常重要的角色，品牌把每一季的預算下在哪些雜誌都是有商業考量，所以翻原文雜誌時，千萬不要看到廣告就跳過去，要長期觀察你熟悉的雜誌到底哪些品牌會在上面打廣告，新一季是不是透露了新的設計元素，甚至有新面孔的代言人，這表示喜歡這本雜誌穿搭風格的人，都有機會認識這個品牌，這些資訊都會是幫助你未來操作此風格商品時的有用工具！

Paris Hilton幫新品牌HONEY BUNCH代言，第一間店在shibuya109。

美國知名品牌維多利亞的秘密登陸日本啦！第一間代官山專門店的廣告。

Shibuya109夏季折扣的廣告。

ZOZO mall雜誌廣告。

時尚密碼

密碼	解碼重點	貼心叮嚀
品牌	鎖定保養、彩妝及服飾(含內衣)、配件這幾大類。	常出現的品牌以及新出現的品牌都要列入觀察重點喔！
代言人	只要有請model或明星代言廣告的品牌，都一定要記住，這都是你在操作商品時可以運用的輔助工具。ps.這也是為什麼前面要大家認識日雜上常出現的model，因為如果你不認識她，看到廣告時又怎麼會知道她是代言人呢？	有時內文裡頭也會看得到代言相關訊息，因為雜誌會promote自己旗下的model。
購物相關	⊙店鋪情報 ⊙網路購物網站廣告 ⊙購物中心最新訊息	除了跟商品本身有關的廣告要注意外，跟購物行動有關的廣告也不能漏掉喔！很多時候購物商場有新櫃進駐的資訊很重要，可以幫助你規畫採購行程。
其他	活動大事，如TGC等年度大秀、Laforet環保袋活動。	有流行大事就一定會有限定發售商品，也就一定有商機。

41

Class 5
看到眼睛馬上就閃過$$的關鍵字

　　前面的各種訓練與觀察,比較偏向透過圖像視覺的方式來訓練你的流行敏感度,讓你在大量吸收資訊時,快速的透過一套機制篩檢出可用的訊息,最後vEr小娜要教大家如何透過文字來訓練「商機敏感度」,無論是日文雜誌封面、目錄,或者日文網站上的選項分類、廣告等,這些都是以文字形式溝通的介面,即使你的日文程度只有幼幼班,vEr小娜保證你也可以透過下面的表格訓練,練就出「一看到就能馬上嗅到$$味蛛絲馬跡」的工夫喔!

37　73　96　102

COVER STAFF

DESIGN

Cawaii! 09
CONTENTS 目次 SEPTEMBER 2008

	英文字	數字	漢字	專有名詞
關鍵字	Ranking、BOOM、SCOOP、SNAP HIT ITEM、STYLE、LOOK		店員、私（服）、激安（售）、再入荷、真（春夏秋冬）、人氣、揭載、特輯（百科、作戰）、憧	購物中心、品牌名、model名字
商機快譯通	1.Ranking後面通常是接數字，就是人氣排行的意思。 2.BOOM其實就是「夯」，如果寫NEXT BOOM，就是代表下一季即將爆炸夯的商品或品牌。 3.SCOOP就是搶先報導、內幕消息的意思。 4.SNAP就是日本最流行的街拍，通常出現SNAP就可以看到大量的街拍照，大家就可以把穿搭風格學起來，挑貨或者自己賣場要示範，都會有幫助，因為店員的穿搭通常是當季熱賣品牌的穿搭示範。	通常只要出現數字，就要特別注意，因為他一定是要介紹某種人氣或者經過主題整理的單品、品牌、style專輯。	1.如果看到「私」這個字時，通常會是談論模特兒或是店員個人最愛的穿搭喜好，從這裡頭就可以再找到有名模加持許多品牌、款式等資訊。 2.激安、激售、再入荷這種字眼，都是與熱賣款式有關的主題，尤其是再入荷，代表的是斷貨又再追加補貨的款式，所以是非常重要的訊息。 3.揭載通常會在網路上比較容易看到，只要看到這二個字或者英文字press，都代表被雜誌媒體報導的清單整理。 4.如果出現「憧」這個字，通常都會與名人、model連在一起，代表這些人心目中的夢幻款式、品牌……等相關訊息。	只要看到人氣model像LENA、潤……的人名、品牌名稱，或者shibuya109、伊勢丹購等購物中心的專有名詞，就表示有一定程度的流行指標意義，通常跟購物中心有關的不是有新品牌進駐，就是有特別活動，而與知名model有關的，多半是跟style、款式有關。

Chapter
2

Chapter 2
批貨進場教戰守則

當你已經練就一身好本領，擁有快狠準100%的流行敏感度，

接著，就是要真槍實彈上戰場啦！

雖然很多人還是會有透過旅行邊玩邊賺的夢幻想法，

以為只要流行度夠、又愛買，就可以輕易入行，

如果你還抱持這種想法，勸你就此打消念頭，

vEr小娜真的要誠心告訴你，想要入行進場，

就不能跟錢開玩笑，從採購路線規畫到機票飯店準備，

都是需要仔細計算沙盤推演才能批貨賺錢 gogogo！

2-1
決定商品路線搶進市場
國際精品路線

這裡指的精品還是以國際品牌為主，是針對國內電子商務網站上精品品項定義，包括ANNA SUI、BURBERRY BLUE LABEL、JUICY COUTURE、Betsey Johnson、Smantha Thavasa、tsumori chisato津森千里、TOPSHOP、H&M等，其中BURBERRY藍標和Smantha Thavasa都是國外品牌授權日本獨家設計生產，而Betsey Johnson日本是全線產品都有，包括包包、飾品、內衣、一般服裝、鞋子……但是台灣目前只有包包和鞋子，品項並不多，來自英國的TOPSHOP挾名模Kate Mos加持，08年秋天在原宿Laforet擴大營運，這個曾經短暫進軍台灣又退出的英國超夯時裝品牌，絕對是08年以後的採購重點。

ANNA SUI的襪子和手飾一直都是熱賣冠軍單品。

店家分布	百貨公司、路面專門店占80%	批店占20%
交易方式	信用卡、現金皆可	只收現金
資本額	建議30~50萬	

大部分批店僅接受現金交易，百貨公司跟部分路面專門店可憑護照辦理免稅，但金額要滿規定額度。

vEr小娜開講！

BURBERRY BLUE LABEL換白色新包裝囉！

⊙絕大部分的精品你都可以從專賣店買到，但事實上日本批店還是有少部分精品，品項雖然不多，品牌倒是很齊全，從A~Z你能想到的國際大牌他都有，只是價格方面不敢保證有利潤空間，還請各位鄉親父老自己勤比價。

⊙目前建議女性品牌仍屬BURBERRY BLUE LABEL、ANNA SUI等日系線上當紅品牌的市場較大。

⊙因為精品單價較高，若沒有操作到一定商品數量，跑一趟絕對不划算，除非你在日本當地有人幫忙，如果是要先帶進來再po上版賣，建議最基本要從15萬起跳，同款式要有5個。

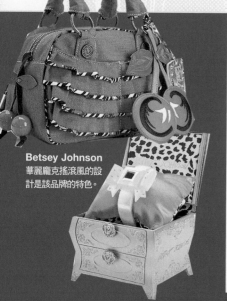

Betsey Johnson
華麗龐克搖滾風的設計是該品牌的特色。

來自英國時裝品牌TOPSHOP，透過名模Kate Mos的加持，在原宿Laforet擴大營運，這個同時也是梨花、土屋安娜的愛牌多年前曾來過台灣，後來悄悄退出，現在挾多位國際名模之勢，預計會從日本紅回台灣。（圖片翻攝自Laforet官網）

ANNA SUI原宿
路面店--涉谷神
宮前6丁目1-4。

〔採購路線規畫〕

GINZA銀座
（H&M、藍標）

建議3小時

HARAJUKU原宿
（H&M、TOPSHOP、

建議半天

SHINJUKU
新宿

建議半天

精品採購路線的規畫算是最簡單的，主要視你專攻的品牌店家在哪個區域，通常這些品牌分布都很集中，除了自營路面店外，其餘應該在百貨公司都有，vEr小娜建議以鎖定GINZA銀座、HARAJUKU原宿、新宿伊勢丹百貨三個重點就非常足夠，而且從這幾個區域要繼續採購其他流行品牌，在路線上也非常方便，不過要注意，精品路線的採購一定要先以路面專賣店為優先，百貨公司專櫃只能當成補貨用喔！

以vEr小娜最愛的藍標為例，通常都從原宿路面店排第一順位，如果遇到進貨不足時就會趕快轉往銀座旗艦店，最後才是新宿ISTAIN或其他百貨，因為這裡只是一般專櫃了，不過店面坪數還蠻大，服裝跟包包都算齊全，建議買家可以最後一天再來這邊補貨。

瑞典品牌H&M登陸日本的速度非常快，08年陸續在銀座、原宿開店，2次都創造排隊至少12小時盛況空前的人潮，接著09年秋天在新宿伊勢丹附近要開第三家店，08年11月開始，川久保玲**Comme des Garçons×H&M**系列上市，讓H&M入手的價值又增長不少。（圖片翻攝自H&M日本官網、涉谷經濟新聞）

Samantha Tavasa
DELUXE 表參道
GATES店（11:00～
20:00）--東京都港區
南青山5丁目1-27。

BURBERRY BLUE
LABEL銀座旗艦店
（11:00～20:00）--
中央區銀座8丁目
8-9。

BURBERRY BLUE LABEL原宿
路面店--涉谷區神宮前6丁目18-12

47

流行服飾、配件

這裡指的流行服飾分三種，一種是老字號知名品牌，以百貨公司為主，另一種是以ViVi、Cawaii等人氣雜誌揭載為主的品牌，幾乎囊括SHIBUYA109、Laforet以及新宿伊勢丹it Girl的品牌，價位幅度很寬，從百元商品到萬元都有；最後一種則是批店裡的商品，品牌相對而言不是那麼重要，重點是款式的流行度都是跟著知名品牌的設計，流行度很強，也隨著季節變化款式。

店家分布	路面專門店占70%	批店占30%
交易方式	信用卡、現金皆可	只收現金
資本額	建議3~15萬	

COOKIE-FORTUNE化妝包。

⊙老字號的日系流行品牌在台灣擁有穩定的知名度，包括Nice Claup、MK、a.v.vMK、Page Boy、ine、nuee、olive des olive、雨傘牌、LOWRYS FARM……

⊙以ViVi、Cawaii雜誌掛帥的品牌，在拍賣上一直都有人專心經營，這幾年隨著高人氣雜誌名模的穿搭展演，這些牌子漸漸知名度大開，包括109當家天牌CECIL McBEE、LIZ LISA、moussy、SLY等，其中moussy和SLY已經透過日本直接代理進來，未來還會陸續引進同集團品牌。

⊙這類型服裝單價從低到高都有，若從知名度來分級，大概可以分出10種等級也不誇張，低知名度的品牌操作上要特別小心，售價不能拉太高，即使都是109的品牌也不可能通通都很好賣，因此利潤的拿捏除了挑選的品牌與款式外，經驗也很重要。

⊙vEr小娜建議如果是想要小賺一點，把旅費賺回來的朋友，可以挑選一線人氣品牌的中價位熱銷商品，選擇一線品牌才能確保商品的高詢問度，選擇中價位產品是因為價錢比較好定，進可攻、退可守！包包、鞋子還有日本辣妹牛仔褲都是很好脫手的單品，尤其是109的人氣品牌，這些品牌都有習慣購買的粉絲！

MDM--東京都中央區日本橋橫山町7-5。

MIYAKO以流行服飾配件為主,也是台灣賣家最常去的批店。

馬喰町批店

建議半天

〔有批卡〕

　　如果你有批卡,那就直接進攻馬喰町區的批店:MDM的飾品數目最多、MIYAKO是大部分流行服飾買家都會去的批店,光是這2家的其中1家,應該都會讓你至少採購半天。

原宿

建議1天

涉谷109或
PARCO

建議半小時

新宿伊勢丹
it Girl

建議半天

橫濱
OUTLET

建議半天～1天

JR
地下街

**建議晚上
零碎時間**

〔免批卡〕

　　流行服飾、配件應該是大部分買家最主力採購的商品,由於選擇性非常多,也因此會是最花時間的,可能5天的行程都在原宿、涉谷……幾個流行重鎮來回掃貨,建議行程規畫可以「先從目標品牌集中最多的購物中心開始」,例如喜歡Cawaii雜誌裡頭品牌的就專攻Shibuya109,偏好ViVi雜誌裡頭品牌的就專攻新宿伊勢丹的it Girl館,甚至如果你時間綽綽有餘,橫浜市金沢區的Yokohama Bayside Marina也是可以納入路線考慮,這些地方幾乎都可以一次購足,剩下的時間再殺到其他區域,用尋寶的心情補貨才不會浪費時間。最後,晚上大約8點多路面店跟百貨公司相繼close以後,可以再轉殺到JR地下商店街,光是JR新宿站不同出口就有好幾個日本本土百貨公司連接地下商店街,讓你一路逛回飯店。

路面店尋寶就要來原宿

　　這裡可以花上一整天的時間，讓你走到殘廢，即使你已經走到沒力，建議你還是牙一咬、心一橫，努力逛才不會有遺憾。除了Laforet和其他知名品牌路面店外，來原宿就是要在各種大大小小的路面專門店挖寶，尤其是竹下通，在這一條寬不到3公尺的巷子中「品牌」並不重要，「與眾不同」才是這裡的口號！

專櫃路面店大本營都在明治通

　　明治通與表參道剛好在原宿神宮前畫成十字，2008年這個交叉路口成為GAP、ZARA、H&M、TOPSHOP等國際時裝品牌大戰的舞台；表參道往下走可以一直走到青山，明治通一直往下走，則可以走到涉谷。

Shibuya涉谷GAL集中營

　　涉谷是個一出地鐵站就可以感受到強烈血拚節奏的流行重鎮，光是109就可以讓你逛到「鐵腿」，再加上PARCO1、2、3，想不逛到天黑都很難，還有這裡的街頭總是充滿人潮與驚奇，許多音樂、流行活動也都會辦在這裡。

vEr小娜 超推薦！

claire's accessories

claire's accessories：東京都涉谷區神宮前1丁目8-1
（沿著JR原宿駅出口竹下通方向直走即可到達）

　　claire's是一間便宜又夢幻到爆炸的20歲少女流行配件專門店，在英國、美國、法國這些流行指標國家也都有分店，裡頭販售的商品品項從包包、首飾配件到髮飾、化妝品琳瑯滿目，甜美風、龐克風、夏威夷風……應有盡有，保證讓你蹲在店裡挑貨挑到腳麻手軟包包重，而且價格幾乎都在¥1000上下，甚至連¥190、¥290的商品也不在少數，專攻日系風配件的買家可以鎖定喔！

DazzliN' DazzlE

DazzliN' DazzlE：東京都涉谷區神宮前6丁目10-12

　　深受日本輕熟女喜愛的DazzliN' DazzlE是走性感小女人風，更是仕女時裝雜誌揭載人氣商品的常客，無論是服裝或是配件的設計都是kilakila，整間店布置的相當有異國風，雖然小小一間，但商品卻琳瑯滿目。

charlotte ronson

charlotte ronson：東京都涉谷區神宮前6丁目17-14（明治通店）

　　charlotte ronson是美國設計師同名品牌，在紐約，它是相當多名人愛用的年輕品牌之一；走性感、可愛的美式休閒風，日本向來對於美國流行品牌的接受度相當高，因此當charlotte ronson在日本上市後，很快的就造成話題，深田恭子就是她的愛用者喔。

內衣、小物

日系品牌的內衣市場之前在台灣戰況並不激烈，但在拍賣上一直有固定市場，都屬於不知名品牌低單價操作，一直到ViVi人氣model 藤井LENA代言的性感爆乳內衣Laguna Moon登陸後，日系內衣戰事開始升高，各大電子商務網站開始增加日系品牌內衣小物的分類，目前日系四大內衣品牌包括Ravijour、Laguna Moon、Peach John、aimer feel，比較特別的是，台灣的內衣品牌就只有出內衣和塑身衣相關，日系品牌則會出系列產品，從內衣到外衣，甚至香氛、衛浴、居家、美容彩妝品、化妝包、鞋包配件……延伸產品相當多元。

2008年日系內衣三大教主Ravijour、Laguna Moon、Peach John，其中Laguna Moon和aimer feel在台灣都已經有專櫃。

店家分布	路面專門店占70%	批店占30%
交易方式	信用卡、現金皆可	只收現金
資本額	建議3~15萬	

Peach John的系列商品是四大內衣品牌中最多元的，徐若瑄在日本發展時曾是這個品牌的代言人喔！

Peach John另外成立了GJ，G就是glad，意思是用了會變開心的流行小物，所以GJ販售的都是跟美麗有關的商品，從彩妝、保養、香氛到服飾配件都有。

⊙這些知名的日系內衣品牌單價range很寬，Laguna Moon應該是其中比較高價的，會願意花錢購買的售價門檻大概就是2、3千，價錢再拉高就賣不動，因此利潤比較有限，建議可以多帶一點相關配件、小包、小物，這些單品售價較低，再加上設計很可愛，台灣又很缺乏這類型單品，貨會動得比較快。

⊙vEr小娜建議大家可以到原宿或涉谷109去找台灣較無知名度的服飾，不要以為109只有辣妹服飾，barbie在109-2館1F也有櫃，那可不算辣妹吧，其實那裡有很多不錯的東西，起碼小天后Jolin就常逛那裡，而且許多造型師都會去那邊尋找特殊配件，只要你有眼光，保證可以挑到單價低的流行單品，相對的你就有較高的利潤了。

〔採購路線規畫〕

涉谷109

建議**3**小時

原宿

建議**3**小時

Pink Label開幕的發表會,許多大家熟悉的日雜出版社以及明星都送來花籃祝賀。地址:東京都涉谷區神宮前1丁目16-8(沿著JR原宿駅出口的竹下通方向直直走,在右手邊,2層樓)

內衣、小物的採購方式也是以品牌為主,按部就班掃貨就可以了,Shibuya109跟Laforet裡頭都有重複的內衣品牌,所以在行程安排上可以自己斟酌挑選,vEr小娜的個人經驗是,Laforet的人潮沒有109那麼多,逛起來會舒服些,但也不要忘記喔,Laguna Moon目前只有109有專櫃喔!

Peach John的配件小物都設計包裝得讓人無法抵擋。

tutuanna是襪子、內衣跟小飾品的配件專賣店,08年還增加了新的品牌Pink Label,專賣粉紅色戀愛系的內衣、外衣及貼身配件,位於竹下通的路面店相當好認,老遠就可以看到招牌。其實tutuanna是兩個風格的系列,tutu是走sweet 公主風,anna則走sexy公主風,內衣方面商品尤其明顯,對貼身衣物小配件有興趣的賣家可以考慮從這邊進貨喔!

美容藥妝

這裡指的是以藥妝店販售的產品為主，而不是百貨公司專櫃的產品，藥妝店一直都被vEr小娜歸類為血拼亂買超級大地雷區，走進藥妝店能全身而退的人恐怕不到一成，年輕人買化妝品及新奇小物，年紀大的光買藥也不輸小女生，總之日本的藥妝店絕對是各年紀女生流連忘返的天堂！

店家分布	百貨公司、路面專門店占80%	批店占30%	
交易方式	信用卡、現金皆可	只收現金	有些藥妝店會規定消費達某些金額才能用刷卡。
資本額	建議3~5萬		

vEr小娜開講！

⊙美容藥妝類利潤都不高，除非有量，而且通常國內販售藥妝小物的進口商一次進來的量一定能把成本價錢壓低，建議販售此類別的賣家不要把雞蛋全裝在同一個籃子，只能挑選國人熟悉品牌，或是還沒有人帶進來的新品或限定品較安全。

⊙除非你的資訊比別人快，還沒上電視跟雜誌前就知道會紅的品項，但又要抓準時間，如果她3個月後暴紅那還可以，萬一她一年後才紅，那你的市場也太小眾了，要回本太慢，想到就沒力氣，還是把錢省下來吧，不建議操作。

⊙另外還有一種就是台灣很熱門偏偏都缺貨，而日本剛好都還有貨（有時連日本也都缺貨，第一代MJ的50倍纖長睫毛膏剛上市時，台灣日本都缺貨很久），那就可以物以稀為貴操作一下，所以說平常這些觀察都要很敏銳才嗅得到「錢」的味道啊！

話說vEr小娜N年前去巴黎自助旅行時就愛上bourjois妙巴黎的彩妝用品，那時候連網路都沒有，沒想到這個牌子在日本人氣很夯，約莫3年前國內網路上開始可以看到這個牌子，後來也終於進了屈臣氏開架彩妝，這中間已經有好幾年的時差了，你說，vEr小娜的buyer敏銳度好不好啊～嗯～當然是好啊，但這麼久以後才紅的商品，如果那時候就帶進來可是會出人命的啊！

再來，vEr小娜前2年去日本時發現妙巴黎出mini bourjois迷你版的彩妝用品，非常可愛，08年屈臣氏也引進了這系列產品，可是仔細看了價位後發現，價格幾乎沒有差別了，所以無論如何，不做功課就去帶貨，尤其是藥妝類產品是很危險的！

日本藥妝店一定找得到的最新瘦身、豐胸產品，而且愈怪的人氣愈旺。

〔採購路線規畫〕

日本美容教主IKKO的美蟬系列紅到不行，目前為止，台灣還沒有代理商大量引進，很有商機。

馬喰町批店

建議半天

〔有批卡〕

　　批店裡頭就已經有相當多的美妝、彩妝用品及美髮用品、美容工具、美容保養電子儀器，另外也找得到減肥、豐胸的美容食品，像現在熱門的寒天，批店裡也找得到喔！總之，批店裡關於藥妝美容的東西琳瑯滿目，連部分日系專櫃保養品H$_2$O、shu uemura植村秀……都有，夠你逛半天，能從批店進貨當然利潤最豐厚。

唇部及手部保養的美妝小物在網路上很好賣。

上野

建議半天

涉谷

建議3小時

原宿

建議3小時

美肌一族雖然在日本依然很紅，但在台灣各通路已經很普遍，除非你從批店進貨，才會有利潤。

季節性小物不但是逛日本藥妝店的樂趣之一，如果搶得先機就是商機，圖中是冬天室內保暖的可愛襪套還有個人暖腳機，可愛又實用。

〔免批卡〕

　　東京滿街都是藥妝店，隨時想逛都有，大家都說要去上野買藥妝，vEr小娜倒是建議大家不用硬生生把行程拉到那邊去，因為時間就是金錢，上野除了藥妝，只有熊貓！@#$%ㄟ&＊，反正台灣也快可以看到了，那裡並沒有其他可以順便採買的單品，這樣經濟效益很低，再加上往返時間跟車票錢，就算他比一般藥妝店便宜，你若沒有大量進貨，其實是划不來的。

　　vEr小娜建議大家可以來涉谷109來找新奇古怪，或者神乎其技的美妝、美髮用品、小工具，因為這裡是專為愛漂亮而且想要引人注目的美眉而開，想要變身成為如假包換的日本正妹嗎？全身行頭都在這邊可以湊齊喔！

SPECIAL REPORT

永遠不敗的藍標
BURBERRY BLUE LABEL

說到日本批貨就不能不提BURBERRY BLUE LABEL藍標,由BURBERRY獨家授權唯一日本當地生產的品牌,稱霸台灣、香港日系精品市場多年,雖然許多日系精品品牌迅速崛起,卻還是無法影響藍標舉足輕重的地位!對於曾經在台灣拍賣及電子商務網站上締造水餃包神話的品牌,你一定不能不認識--永遠不敗的BURBERRY BLUE LABEL!

經典品牌BURBERRYバーバリー ブルーレーベル

時尚界中所謂經典,就是要能經得起時間的考驗,BURBERRY這個英國經典百年老牌子,365天永遠都是黑色與駝色的格紋設計,誰也想不到這樣正統英倫的經典,竟然在日本翻身成年輕少女到輕熟女甚至熟女都狂愛的BLUE LABEL,它豐富多樣的設計不但每季都有不同顏色的選擇,甚至擺脫原有格紋設計的框框,運用顏色的變化保留BURBERRY最簡單的識別材質Gabardine,還花俏到不曾讓當季流行元素在它的每季新品裡缺席,從包包、服飾到配件很少人能抗拒它的魅力。

粉紅色是藍標商品中最暢銷的顏色。

即使這幾年BURBERRY運用了許多材質變化在設計上，但是不變的格紋、戰馬，是百年以來全世界名媛貴婦的共同語言。

Burberry的cashmier格紋圍巾是入門款也一直是fans的最愛，即使這幾年陸續推出色彩多變的設計，經典駝色還是大家的最愛。

　　vEr小娜擁有的第一個藍標就是現在已經停產的經典水餃包，這大概可以追溯到8、9年前吧，不過當年藍標還沒有那麼紅，頂多只是某些精品店老闆娘去日本順便帶回來填補店內空間的貨品而已，如果那時候以賣藍標為主的店家肯定賠死，藍標雖說與百年老牌BURBERRY沾得上關係，但在那個早期連精品這個名詞都還沒出現，大部分的人只懂名牌與路邊攤的年代，大家所謂的名牌還停留在LOUIS VUITTON、CHANEL、PRADA等國際大牌，但如今的藍標卻愈來愈夯，對於想要批貨的賣家來說，就一定要趕快跟上潮流搶錢去！

　　說起藍標的歷史，得從他的家族老大BURBERRY開始說起，大家對他的印象總是停留在優雅的長風衣，沒錯，如果你走在LONDON街頭，即使下起了綿綿小雨，你也會發現寧可拉緊自己的長風衣卻也不撐傘的英國佬，什麼叫經典，Gabardine這種防水斜紋布是經典，英國佬身上穿的這件雙排釦、肩蓋、背部有保暖的厚片，腰際附上D型金屬腰帶環，外面素，裡頭整面翻格設計的BURBERRY，就是經典。藍標不但擁有世界經典品牌的地位，又是日本不退流行精品的代表，因此想要前進日本批貨，就不能忽略這塊重要的市場，想操作藍標就要拿出操作精品的精神與態度來，不但要熟悉品牌風格與每季新品，更重要的是一定要對他的背景有所了解，才能幫助你掌握品牌的流行，並讓你的採購能力更精準有銷售說服魅力喔！

從1895年第一件風衣到2008年的今天，BURBERRY的風衣上絕對就是「經典」二字。

位於原宿表參道上的BURBERRY旗艦店，全透明的帷幕設計外觀，與同名品牌香水的瓶身設計如出一轍，結合的相當漂亮。

進入BURBERRY歷史迴廊

⬇ 1825
21歲的英國布商Thomas Burberry在英國的Hampshire創立本店,一開始是間運動用品專賣店。

⬇ 1870
Burberry 開始嶄露頭角,生意興隆到可以和倫敦大型百貨公司媲美,而且開始增加戶外運動等服裝的設計。

⬇ 1880
Thomas Burberry發明了Gabardine,並在1888年取得專利。

⬇ 1891
Thomas Burberry第一間專賣店在Haymarket成立,至今仍為BURBERRY公司總部所在地。

⬇ 1895
第一件風衣問世,當時是為軍人設計,也是今天風衣的早期雛型。

⬇ 1901
Burberry 的戰馬logo正式設計完成。

⬇ 1920
Burberry原用於襯布的格紋正式用於外衣,一下子,紅色、駝色、黑色、白色等一系列格紋設計變成Burberry的註冊商標並帶領風潮。

⬇ 1955
Burberry獲女王陛下頒發Roal Warrant

⬇ 1989
Burberry獲查爾斯王子頒發Roal Warrant

⬇ 2002
Burberry發表了獨家Art of the trench,並接受訂做服務。

2006
Burberry滿150週年

圖片翻攝於BURBERRY官網。

什麼是Gabardine?

從1895年第一件風衣問世到今天,因為創始人Thomas Burberry研發出的Gabardine而奠定了這個百年大牌的基礎,Gabardine是一種結構密實的斜紋織防水布料,利用Gabardine的特性BURBERRY的風衣曾是一次世界大戰英國軍隊指定的高級軍服,也因為必須滿足軍用雨衣的需求,風衣的設計也是在那時候改成雙排釦、肩蓋、背部有保暖的厚片,腰際附上D型金屬腰帶環,也就是你現在看到的BURBERRY典型風衣,而原本用於風衣內裡的格紋,也於1924年首度成為BURBERRY外觀的主設計,優雅時髦穩重的調性,直到今日,都還是許多政商名流人士挑選一件耐穿又有品味風衣的首選。

Burberry Blue Label藍標族譜

　　許多人老是用顏色來區隔英系跟日系的BURBERRY，往往到最後又發現為什麼日本也有黑標而被弄得一頭霧水，其實所謂藍標BURBERRY BLUE LABEL，就是專指有在日本國內銷售的BURBERRY品牌，目前日本之外的國家都沒有辦法正式代理這個品牌，藍標是1996年由英國BURBERRY總公司獨家授權日本當地設計販售的品牌，他與英系母公司BURBERRY最明顯的識別方式就是標籤設計，由於這樣獨特的現象只有在日本才有，為了避免混淆，也有人會直接將藍標視為BURBERRY的日本副牌。

　　藍標之所以會迅速走紅，一來當然還是因為不同於英系high fashion的日系trendy設計，再來因為藍標的價位並沒有母公司品牌BURBERRY那麼高，主打年輕中價位市場，所以無論是日本國內或者海外，迅速就打出驚人的品牌知名度與銷售佳績；大約5年前可以說是藍標在台灣、香港最火紅的時候，常常可以看到來自這二地的buyer在各大藍標路面店幾乎是用VIP淨空掃店的方式在採購，那種氣勢真的是你沒在現場無法體會的啊！

　　此外，日系的藍標旗下還有二種系列的「黑標」，第一種是專為年輕男性客層開發的黑標BLACK LABEL，第二種則是設計與英國母公司BURBERRY系出同門的BURBERRY LONDON黑標，常常會讓不熟悉的人搞不清楚，以為只要是黑標就都是英系產品線，為了解決大家的疑惑，所以vEr小娜通常遇到有人問這個問題時，就會直接把BLACK LABEL解釋成「男生的藍標」，而BURBERRY LONDON就是原本母公司的「正統英系黑標」；當然男生的藍標在色彩上沒有女生的系列來得那麼花俏，但是從衣服、鞋子、包包到飾品配件一應俱全，全產品系列相當完整；至於BURBERRY日系與英系的詳細差異，下面這張vEr小娜整理的BURBERRY族譜，有清楚圖解，相信大家看完以後就會恍然大悟，馬上搞懂這個百年老牌的大家族了。

BURBERRY BLACK LABEL的配件系列。

日系藍標：年輕設計，色彩變化多	英系黑標：high fashion

女生系列： BLUE LABEL 	男生系列： BLACK LABEL 	英系黑標   絲巾、化妝包禮盒。
生產男裝、女裝、鞋包配件、飾品；與英系 BURBERRY相較屬於中價位。		生產男裝、女裝、鞋包配件、Golf、Kids、Pets全系列；為精品級價位。

所謂日系BURBERRY，均是由英國原廠授權給日本製造商，目前分別是由三陽商會跟西川商會拿到授權，是僅限日本當地發行的正式Trade Mark，目前三陽商會跟西川商會負責製造的產品也不太一樣，服裝類是由三陽商會拿到授權，男女生藍標跟黑標均有生產，在日文雜誌上如果看到model穿搭藍標商品，通常在品牌後面放的一長串日文字，就是「株式會社三陽商會」；細心的人其實在逛路面店時就會發現，位於原宿明治通上的路面店，招牌清清楚楚寫著BURBERRL BLUE LABEL，而表參道、銀座上的路面店，卻只有寫著BURBERRY。

P.S.株式會社三陽商會的母公司就是在日本鼎鼎大名的三井，而三陽商會是在1996年拿到藍標授權，也就是說藍標目前有12年歷史了喔！

所謂英系黑標，就是指大家最耳熟能詳的BURBERRY LONDON，也就是英國母公司的品牌，目前只有表參道以及銀座GINZA有全產品系列及整棟路面店。

另外，BURBERRY LONDON黑標也有一系列衛浴、寢具、家飾等商品，不過這些也是獨家授權在日本製造，前面提到過的西川商會就是獨家授權商，在日本各大百貨公司看到的毛巾、手帕、襪子、毛毯、絲巾、化妝包禮盒等用品，就是由西川商會負責製造。目前為止，BURBERRY英國母公司尚未授權給日本以外的地區發行，雖然三陽商會積極爭取在上海拓展藍標市場，但目前BURBERRY總公司並未點頭，所以要買藍標就只有買機票直奔日本。在台灣，各百貨公司的BURBERRY專櫃都是英系，而且2005年母公司就收回代理權，由英國總公司直接經營。

藍標目前在日本也沒有所謂過季商品，所以不會有便宜的進貨管道，要買藍標就是要在百貨公司專櫃或者路面專門店、旗艦店。幾年前藍標路面專門店還有所謂VIP的95折優惠，後來在水餃包停產的時候也同時取消這個規定，所以對觀光客來說，僅有免稅（TAX 5%）的優惠囉！即使百貨公司雖有會員卡可以95折優惠，但僅限本國人，也就是說，不管是持觀光護照或者百貨公司會員卡，能拿到的價格都是一樣的。

藍標的產品吊牌通常會有3個，1個標示售價，1個是材質及保養說明，另一個就是三陽商會的設計生產授權證明喔！

BURBERRY銀座旗艦店的BLACK LABEL樓層。

BURBERRY銀座旗艦店的樓梯也是格紋設計的喔！

締造藍標傳奇的水餃包

　　藍標的東西永遠是限量、限量、還是限量，除此之外，更愛搞限定款，所以你會在GINZA銀座或HARAJUKU原宿的路面店中看到某一區上面標示著「限定品」。熟悉藍標的人都知道，即使是一個簡單的水餃包，每年每季出品的顏色都略有差異，2003年買到的粉紅色格紋水餃包跟2004年的粉紅格紋一定不一樣，春夏的粉紅色系跟秋冬的粉紅色系也絕對有差；藍標總是能在包包本身的顏色做巧妙的變化，除此之外還包括皮製手把及包包底部的配色也都會做同色系變化處理，這就是為什麼當年大家對於藍標的水餃包會愛不釋手，一來他算得上是精品中的低價商品，一個擁有經典格紋設計再掛上BURBERRY戰馬標籤的包包，竟然只要3000多元台幣就可以入手，再加上日系流行的夢幻配色，不用明星名模加持，水餃包就是贏在低價門檻名牌，要不紅還真的很難！

　　如果你現在才開始接觸藍標，那你一定很好奇曾經在6年前掀起藍標狂熱的水餃包怎麼消失了？原因很簡單，日本這個民族向來不喜歡「量產」這兩個字，當大量的台灣、香港跑單幫湧進藍標採購水餃包後，仿冒品如雨後春筍冒出來，拍賣上隨便一個藍標水餃包後面都跟著起碼有20個以上的相關問題，清一色是買家在努力詢問、辨識水餃包的真假！太氾濫的後果就是讓大家對水餃包的材質質疑，即使三陽商會一度不變設計但改用較厚材質生產，讓防水布更厚，斜紋更明顯，但這樣提高成本的做法還是難力挽狂瀾，市面上充斥各種不同材質的水餃包，對新手而言，根本無法分辨真假水餃包，最後三陽商會終於決定停產水餃包，結束了這一場水餃包大戰。由於水餃包已經停產，反而創造了它的價值，目前拍賣網站上只要是正品水餃包，最小size的平均從NT$3000起跳，中水餃包價格更已經升高到NT$6000起跳，vEr小娜現在超後悔賣掉了身邊所有水餃包，當年每去日本一趟就會趕快幫自己添購當季最新顏色包包，過一季就把它二手出清，因為水餃包當初在日本可是隨便進店裡都買得到的東西，誰會算得到日本人竟然狠心的讓它停產走入歷史啊！

中水餃包，把手較長，粉紅色為素面包，所以底部是格紋設計。

每個水餃包內一定有序號布標籤，這組號碼跟購買時外面的吊牌序號是可以對得上的。事實上藍標的產品都會有序號，只要購買時吊牌沒拆掉，這些號碼應該都是要對得上，才是正品。

這是小水餃包，把手部分的顏色也會有變化喔！水餃包外部一定會有藍標布標籤而且是精緻車縫線。

解構水餃包

正統的藍標水餃包只有一種設計，尺寸上分小、中、大三種尺寸，外觀上分成包包主體與底部二部分來看，如果包包主體是格紋設計，那底部就會是素面，反之，包包主體是素面，那底部就會是格紋設計，價格上，包包主體如果是格紋的話，就會比素面的貴上一點；水餃包內的底部都是軟的，並沒有另外增加硬底襯板，所以中水餃包一裝進東西後，就會自動下垂，這是正常現象。水餃包的把手部分為皮製，為了搭配包包本身色系，把手的皮也會有深淺咖啡色的變化，不過正品的水餃包最小size的只能手提，而中包要比較瘦的女生才好肩背，因為把手並沒有很長，而最大尺寸的水餃包幾乎可以當成旅行袋使用，由於尺寸過大，所以一般人還是以購買小包、中包為主。

〔藍標掃貨的準備工作〕

前面説過,採購藍標要用操作精品的方式來看待,vEr小娜強烈建議一定要在出發前做好準備工作,有助你的掃貨順利!

網站上查報價

藍標官網查上市新品和售價

STEP 1

藍標的官方網站上都會有最新的服裝與配件展示,而且通常會把下1個月即將要上架的新品公告出來,標示上架月份和預計售價,這個訊息對買家來説非常重要,可以先統計每月上架新品的款式數量,用這個做為何時要出發補新貨的依據之一。

官網會公布新品上市時間以及價錢。連身洋裝¥37,800、毛帽¥9,975、鞋子¥39,900。

※以上圖片翻拍自各官網

外套¥58,800、褲子¥24,150、內搭針織高領衣靴子¥59,850。

包包各款¥37,800。

包包各款¥48,300。

購物網站勘察品項及價格

　　除了日本官網外，國內購物網站就是大家最主要的競爭戰場，由於網拍的價格太亂，建議還是以知名購物網站為參考基準。如果就大型電子商務網站來看，目前就只剩Yahoo購物中心最具規模，根據vEr小娜的觀察，原本PChome的女性購物頻道的藍標館規模完整度與Yahoo的不相上下，但2007年由於PChome電子商務人事改組的關係，目前整體操作已經不再以國際級精品為主，所以現在想要帶藍標的買家記得一定要先上Yahoo購物中心蒐集資料，了解行情價跟最新款式。

　　精品線的操作關鍵在最新款式與價格，只要不是新品或當季款式，價格就要很殘忍的往下調整，大概平均2星期到1個月就會調價一次，主要還是在於競爭激烈，所以想操作藍標的人一定要保持機動性，才不會誤判行情，估錯利潤。蒐集好的資料記得要列印後帶到日本方便採購時對照，由於網頁製作的尺寸不一定合列印尺寸，vEr小娜建議大家可以按照自己的習慣重新排版整理，總之就是產品的圖片、規格、售價、銷售輔助關鍵字(ex:春季款、銀座限定款等)都要能清楚列印辨識，甚至有時備註欄也要整理，因為藍標常會有同款式但大小尺寸不同的設計，若不注意會誤判利潤，這些經過自己整理後的資料是每位買家的獨門採購筆記，相當珍貴，記得要隨身攜帶，進到店裡就要拿出來使用，所以千萬要小心保護喔。

　　vEr小娜習慣把網路上的資料抓進網頁編輯軟體dreamweaver重新編輯，比word跟excel好用多了，列印後1張A4可以完整看到整理後的商品資料；而在店內採購時vEr小娜習慣將產品簡圖畫在黃色自黏貼上，方便用來速記產品的銷售相關資料，也容易與自己整理的網路資料比對，如果網路上已經有賣家操作的款式，可以很快計算出利潤值範圍，決定是否要進貨。

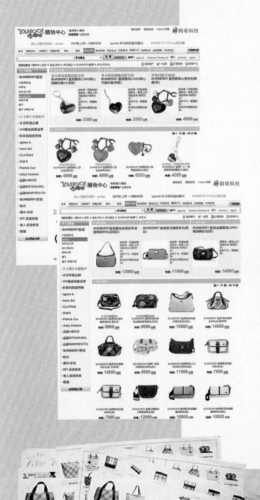

現場掃貨快、狠、準

　　如果你以為逛藍標時要很優雅，東摸摸，西看看……那你就完蛋了，如果你好死不死剛好跟vEr小娜在同一間店裡採購，恐怕當你決定要哪一款的時候，早就都被我拿光了，因為藍標幾乎是先拿到櫃檯再說，說他是用掃的、用搶的，可一點都不為過！

藍標要用搶的絕對不是沒有原因，vEr小娜分析給你聽：

1. 首先，他的款式絕對是限量，通常每一款式量都不會多，所以常常你看準了要量，店員也會跟你很抱歉說聲「The Last One」！

2. 藍標各間店是「不會互相調貨」的，這也就是為什麼想進藍標貨要用掃店的方式，這家沒有趕快換下一家，所以通常vEr小娜在安排藍標路線上時，一定會守住三個重鎮，分別是GINZA、HARAJUKU路面整棟專門店，跟SHINJUKU的各家百貨公司。因為這三個點是採購重鎮，採買其他貨品也順路，所以把藍標安在這幾個點上交通剛剛好，一點都不浪費時間。

3. 各區域路面店或專櫃會推出限定商品，「銀座限定」的款式，你就不可能在其他地方看到，網路上看到有加註xxx限定款就是這樣來的，所以不搶的結果就是--眼睜睜看著別的賣家上架限定款商品囉。

瞄一眼櫥窗的服裝，大概就知道本季主打的風格與特色。

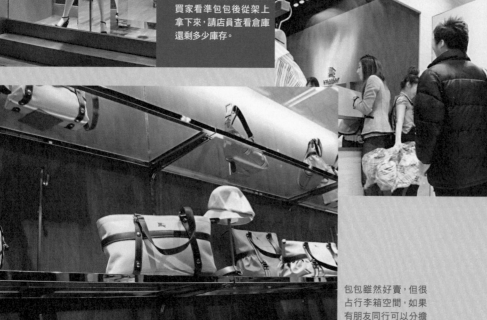

不小心遇到同行，香港的買家看準包包後從架上拿下來，請店員查看倉庫還剩多少庫存。

包包雖然好賣，但很占行李箱空間，如果有朋友同行可以分擔最省錢，不然就還要找代工寄送。

〔前進藍標入店實戰〕

採購藍標三步驟

　　當你走進藍標的專賣店時，不用害羞，因為她們的專櫃小姐都厲害到能分辨你是觀光還是來帶貨的，所以請大方的把你事前準備好的資料跟隨身計算機先拿出來，進入備戰狀況；只要瞄到資料上有的款式，趕快對照價格並快速計算利潤，確定還有不錯利潤空間的款式，二話不說快點拿下來請專櫃人員幫你放櫃檯，並同時告知你要哪些顏色、多少量，不斷重複以上步驟直到已經達到採購品項需求和預算。

　　如果你是採購服裝品項，就要先知道藍標的尺寸，原則上只有童裝會是用150cm或160cm身高公分標示，其他女裝部分統一只有36與38號，36代表S尺寸，38代表M尺寸，不過要特別注意，因為日本女生都很瘦，台灣女生通常都應該要穿38，尤其是下半身部分，能擠得進36號的人，平常大約是穿臀圍32、34尺寸的纖細身材，所以一般來說拿38號比較好賣喔！

店內陳列搭配的款式通常是本月熱賣的單品。

STEP 1

對照資料表挑選款式。

STEP 3

迅速換算利潤。

STEP 2

決定貨色立即拿至櫃檯下量。

STEP 4

購滿預定額度，結帳，記得帶護照退稅。

65

由於藍標的款式多為熱銷、限量品,因此一定要跟專櫃小姐打探第一手訊息,像結帳的時候就是最佳蒐集情報時機,千萬不要像個觀光客一樣呆呆的等著刷卡付帳而已,下面vEr小娜就來傳授大家幾個簡單關鍵術語,不管你是要比手畫腳外加寫漢字,還是用蹩腳日文溝通都可以:

關鍵Q1:這些款式是新款嗎?

關鍵Q2:幾月份上市的?

關鍵Q3:下一次比較大量上新款會是哪時候?

關鍵Q4:熱賣TOP1是哪一款?

這些問題都能幫助你採購時判斷哪些款式會比較熱賣,如果你有想押寶的款式,就大膽跟店員説「剩下的全部要」吧!最後,記得要很有禮貌客氣的跟店員説每一個都要防塵袋,並且「不要剪吊牌」(方便你整理貨時可以對照),當店員表示ok時,請微笑加上90度大禮,大聲的跟親切可愛又漂亮的店員 説:「阿里阿多,狗仔一馬司!」

看到這裡是不是會覺得~天啊!好麻煩呀!難道像藍標這樣大的品牌沒有出目錄嗎?答案是當然有!但不是對外印刷的那種,因為藍標的更新速度很快,款式幾乎每二、三週就會有一批新貨上架,此外,藍標一直是不良商人仿冒的愛牌,為了確保商業機密,所以藍標的目錄僅供內部員工使用,不可能對外。vEr小娜在原宿的路面專門店跟店長拿來看過,是一本厚厚的相簿,裡頭都是用展示model架陳列的照片,會標示是什麼時候的新品;另外,包包的部分雖然沒有看到實體照片,但是三陽商會針對要出的新款,也會提供包包款式的線條稿(用illustrator畫出來的那種),並註明幾號上市,共幾款之類的,由於這些資料都不能外流,更別説是拍照了!

藍標的風衣和大衣都是基本入手品,不過單價高,準備的本錢要充足喔!

4/13~　　6款
4/20~　　6款
4/27~　　4款
5/11　　　二款
5/25　　　二款

這是詢問店員最近新款上架時,店員寫給vEr小娜的手稿。

日本人的結帳禮儀

在日本,通常客人買完結完帳後,別把手伸長長穿過收銀機前想自己拿血拚完的成績,這樣很失禮的,因為在日本買完東西,負責服務你的店員會幫你把你買的東西親自提出來,在收銀機前跟你鞠躬,把東西交給你。在BURBERRY如果你是大戶,店員甚至店長是會親自幫你背著大包小包,然後一邊鞠躬一邊伸出手跟你比一比門口,示意你直接走到大門或電梯門,因為她會幫你把東西提到門口再交給你,甚至如果你打算搭TAXI離開,她也會幫你提到等你上車,怎麼樣,當大戶的感覺還不賴吧!

認識藍標包裝袋

　　早期拍賣賣家販售藍標產品時，多半會以「附上防塵袋」為訴求，證明自己的藍標絕對是正貨，也因此讓很多人都誤以為沒拿到附藍標防塵袋的產品就是假貨！其實這是對藍標包裝的誤解，趁這個機會，vEr小娜為各位拍賣上的藍標買家、賣家介紹說明一下藍標的包裝袋：

⊙藍標束口背袋(S、M)

　　這就是網路上大家共同統稱的藍標防塵袋，其實這並不是什麼防塵袋，充其量只能說是針對只有買單一商品的客人提供的隨身購物袋，而且如果你只買一件商品，店員會直接幫你把你的購物品項裝進去，讓你直接背著。因為藍標的這種束口袋很有品牌設計感，比一般紙提袋更有時尚感，才會讓買家跟賣家趨之若鶩，這種袋子有分SIZE，一般店員都是給M號，足夠裝下一個一般包包。

⊙藍標小紙袋

　　一般是拿來裝有紙盒包裝的皮夾、襪子、鑰匙圈……等，這種紙袋扁扁、長長的，紙質磅數比較重，所以還蠻厚的，但是無底部空間，所以裝起東西來會不太平滑。

⊙藍標購物大紙袋(手提、肩背)

　　如果你買的東西比較多，店員會幫你把所有的貨品都用玻璃紙袋包好，藍標束口袋會按照你的貨品數量捲起來，最後把所有的東西都一起裝進大型紙袋，大紙袋有分肩背跟手提，而且藍標最近再換新的包裝CI，所以大家會發現現在去買藍標的東西，也有可能會拿到白色的手提紙袋跟白色真正的防塵袋喔，而且設計得愈來愈像英系黑標的包裝，封口處都會有預備孔，店員會再幫你打上蝴蝶結緞帶。

⊙英系格紋購物紙袋S(提)L(肩背)

　　如果你到BURBERRY銀座旗艦店購物，不管你是買藍標或者英系黑標產品，都非常有機會拿到這種購物提袋，因為在GINZA店內即使是藍標的樓層，常常結帳時店員都會拿這種購物袋幫你打包，除非你特別跟店員要求你要藍標束口袋，否則店員會自己決定，而且很多時候，店員幾乎不太願意多給藍標的束口袋，她會告訴你公司有規定之類的，所以若你在網路上買藍標的東西跟你說沒有附藍標束口袋也別懷疑他的真假，因為確實不一定拿得到呢。此外，英系的大型購物紙袋上方都會有個預備孔，店員會拿出一條咖啡色緞帶穿過格紋紙袋上方，打個漂亮的蝴蝶結。遇到下雨天或者天氣不穩定時，店員還會貼心的把你的購物紙袋外面再套上一層防水透明塑膠套，保護你的戰利品，所以說許多人喜歡來日本血拚不是沒有道理，因為即使你只有買一雙襪子，店家對你的服務態度也是像VIP等級的啦！

這就是網路上大家流傳的防塵袋，但其實只是可肩背束口的購物袋。

單買小東西時才有機會看到這種包裝紙袋。

這是最大型的肩背購物袋。

現在去藍標購物，應該都是拿到最新的白色系列購物紙袋，較貴的包包，會有這種白色的袋子保護，這才是真正精品的防塵袋喔。

銀座旗艦店比較常拿到格紋提袋。

下雨天時的標準包裝方式，非常貼心。

2-2
搞定機十酒,省錢自由行

如果你的商品路線已經規畫完畢,巴不得現在就拉著行李箱飛奔到東京展開批貨之旅,現在就只剩下如何購買行程出發了!

vEr小娜從大學開始出國幾乎就沒有跟過團,就算是到歐洲,也都是選擇半自助的特殊團,所以在我的認知裡,自由行這觀念應該已經很普遍了,但幾次朋友要去東京來問我怎麼開始籌備行程時我才發現,不敢或者不會走自由行的朋友大有人在;自由行最棒的當然是在於你自主性很強,幾點出發,住哪間飯店,要經過哪些點……你完全都可以為自己量身打造,千萬別因為膽子小沒經驗就放棄而選擇跟團喔!

在決定購買自由行之前,vEr小娜順便教大家一些旅遊小常識,可別傻傻的只貪便宜喔,「旅遊商品絕對是一分錢一分貨」,貴一點的套裝行程貴得一定有道理,斤斤計較的不是錢,而是暗藏玄機的航班時間跟飯店位置!

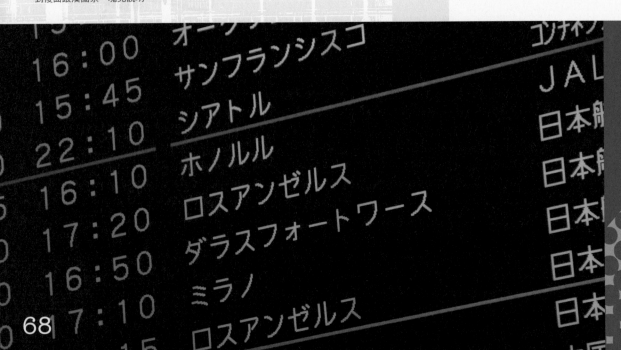

機票除了個人票外也有所謂「計畫性機票」,也就是俗稱的「團體機票」,只要跟團有關的一定比較便宜,但也一定比較多限制,這部分留到後面跟湊團票一塊兒說明。

買機票

〔機票正規班〕

個人機票

　　打開旅遊網站,你最容易看到的旅遊產品大概不外乎三種:1.「國際機票」、2.「航空公司自由行」、3.「自由行」。第一種大家應該都沒有問題,顧名思義,就是個人機票(學生機票不包括在內),也是最貴的機票!航空公司會漲價的時段區間很固定,過年、寒假、暑假和春假,再來就是逢週休出發的也一定比平日要貴上那麼一點,所以大部分專業帶貨的店家,絕對會避開漲價時段,但我們這種標準上班族兼差賺外快的,就只好碰運氣外加更精打細算了!

　　所謂碰運氣,是因為每年每一季航空公司會主打、促銷的航線都不完全一樣,有時你今年可以找到某家航空公司漂亮航班的便宜機票,但明年同一時間該家航空公司可不一定還有同航線的促銷,舉個例,以前vEr小娜每次去東京一定是找西北航空,因為他航班時間漂亮,西北又是每年都榮登最佳航空服務TOP10前3名的常勝軍,但偏偏今年要去的時候,一張西北的便宜機票都沒有,因為他們暑假的時候正在主打OSAKA的行程,而其他在促銷的航空公司,清一色是午去午回的航班,仔細推算一下,看似便宜的機票,實際算起來勉強只有3個整天,你說有賺到嗎?絕對沒有,更別說還要加上住宿的費用了;再說運氣不好時,還有3個拖油瓶會跟著一起漲:兩地機場稅、燃料稅和兵險!即使在旅遊淡季,要買到航班漂亮又正在促銷的個人機票,也是要做功課,貨比三家!總之,航空公司才是旅遊業龍頭老大,買機票要看老大今年promote哪一條線。

背包客棧是國內知名的個人機票比價系統,只要輸入你的旅遊條件,這個網站會把所有旅行社跟旅遊網站的機票資料都抓進來一起比較,非常方便。

網路上購買個人機票時,現在都可以直接連線全球定位系統,只要等個幾秒中,你很快就可以知道是不是有位子,還要等候補↘

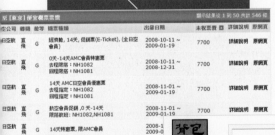

FIT航空公司自由行

如果你聽過FIT自由行這三個字，那你稱得上是行家也！FIT是FLIGHT ITINERARY TICKET這三個英文單字的縮寫，指的是「計畫旅遊票」，通常我們說的自由行其實包含二種，主要是指航空公司推出的正規自由行，另外一種就是下一個單元會詳細介紹的「團體自由行」。

航空公司自由行就是你常會看到有很多名字取得很美妙夢幻的行程，譬如：泰航蘭花假期、華航精緻遊、國泰奇幻假期……這種由航空公司自己組裝的套裝半成品，就是你常聽到的所謂「機+酒」，通常呈現的方式會以天數來區分，也因為他是航空公司自家產品，所以他可以從2天1夜、3天2夜開始組合，對於不想請太多假的人來說，是最方便的。

除了短天數的好處外，他能選擇的飯店組合也較多，但大部分都會集中在各地區的四星、五星級飯店，一般想要去批貨的人一定會選擇住離買貨地點進的區域，如新宿、原宿，或往東、往西均方便的品川附近，但這種航空公司自由行可是為了商務級旅客跟真正想渡假的消費者推出，所以你會發現不乏許多高級地段的飯店你都能選，像Imperial Hotel（帝國飯店）、Le Meridien Grand Pacific Tokyo（台場美麗殿）、The Peninsula Tokyo（東京半島酒店）……卻也因為它幾近客制化的量身訂做，所以他的價位也是最高的。

序號	飯店名稱	單人房	雙人房	三人房	訂房
1	DP8TYO18AX Conrad Tokyo (City View) 飯店介紹	64,200	43,600	36,600	訂房
2	DP8TYO18AS Hotel Seiyo Ginza 西洋銀座飯店 飯店介紹	67,200	44,400	39,900	訂房
3	DP8TYO18ZP The Peninsula Tokyo 東京半島酒店 飯店介紹	73,600	46,500	-	訂房
4	DP8TYO18AY Four Seasons Hotel Tokyo at Chinzan-so 東京椿山莊四季酒店 飯店介紹	72,000	46,800	39,300	訂房
5	DP8TYO18AZ Mandarin Oriental Tokyo 東京東方文華酒店 飯店介紹	74,400	49,800	42,300	訂房
6	DP8TYO18ZR The Ritz Carlton Tokyo 飯店介紹	77,300	50,400	43,000	訂房

這種飯店等級已經超過五星級啦，vEr小娜旅行社的朋友說，這種等級叫做「五星一鑽」！只有航空公司推的自由行才會看得到的頂級組合。

旅展好康V.S貪便宜陷阱

每年10月在世貿都有旅遊展，旅遊網站也會在同一時段舉辦線上旅遊展，雖然說每次打出來的促銷行程價位都很誘人，但大部分低價促銷的行程都有限制出發航班，通常第一天都是浪費掉了；特別要注意的是，這些價格都是沒有加上兵險、機場稅等部分，而且這些外加金額並不是依照國家路線來分，而是看每家旅行社的計算方式，因此同樣是東京華盛頓5天自由行，A旅行社與B旅行社外加的稅金部分有時會差到1000元左右喔！

〔機票達人班〕

大部分常出國自由行的人一定會想辦法湊團票，更何況是需要常出國補貨的賣家，因為這是最經濟實惠省錢的方法，但是呢，你永遠不會在大型旅遊網站上看到這三個字，到底什麼叫做湊團票呢？又該怎麼找到湊團票呢？如果湊團票如此好康，要付出什麼代價嗎？

湊團票

一般來說，湊團票這三個字是很專業的行話，如果你想在網站找到這個名詞恐怕不容易，因為在技術上來說，旅遊網站都會把它叫做「計畫性團票」，但你若直接打電話去旅行社問的話，當然要說「湊團票」，才顯得出你是行家囉！

湊團票其實有兩種，一種是旅行社的團體量大到每週有固定時間出團，這種你要湊票就比較方便，因為旅行社本來就固定有團要出去，對於要敲請假時間的人來說最方便。另一種就是前面提到的計畫性團票，譬如你把你預計要去東京的時間先告知旅行社，他們會告訴你那個區段還有沒有其他人也要去東京，如果湊滿10個人，旅行社就有辦法操作出所謂團體機票，再配上飯店，那就是團體自由行。

至於，使用湊團票有沒有限制呢？有的！因為台灣目前規定，只要是持團體機票就必須統一在航空公司櫃台辦理check in，不過，所謂一起辦理是指要有旅行社的人統一收齊證件辦理之後，才能拿到登機證；但回程在日本那邊已經取消這樣的規定了，所以回國時可以個別到航空公司櫃台辦理check in，你不必擔心語言不通，因為日本機場已經先進到有各國語文版本的操作軟體協助旅客辦理登機。

此外，只要是跟團體有關的旅遊商品就代表價格低，但限制多多，所以很多時候航班時間不能選，或者需要另外加錢，表格中的航班時間我們統稱「午去晚回」，雖然出發時間是下午2點，到達東京是傍晚，但等到出關到飯店後，第一天時間其實是浪費的，還是那句話，羊毛出在羊身上！

既然搜尋**bar**上面找不到湊團票這**3**個字，那到底要怎麼判斷呢？很簡單，只要查詢商品詳細說明有顯示「台北東京團體機票」和「不可延回」這幾種文字的話，他就是所謂湊團票的自由行！

航程	日期	航空公司	航班	起飛地	降落地	起飛時間	降落時間	換日
1	2006/08/06	華航	104	中正國際機場	東京成田國際機場	14：25	18：55	
2	2006/08/10	華航	105	東京成田國際機場	中正國際機場	19：50	22：20	

去回程航班，不得選擇，正確航班請以旅遊專認單為準。可能更改的航班，請參考作業說明。

Chapter 3

湊團票的注意事項

不一定湊得到你想要的天數

　　要是你每個月都真的固定請假至少2天你的老闆都沒怨言的話，vEr小娜真的很羨慕你，大部分兼差去批貨想要湊團票都會卡在天數沒辦法順利請假。

　　一般來說，東京的團體旅遊都是設計5天行程，也因此團票多半是要湊5天，運氣好才能湊到4天的團票，因為在帳面上他必須是配合團體進團體出的行程才能跟航空公司老大交代，因此除非運氣好，否則很少有湊4天的，想想看一個禮拜不過只有星期六跟星期日不需要請假，扣掉這二天，你一定要請3天假，偶一為之還好，要是每兩個月就來一次，我看你在公司不黑都很難！

團票多半是不優的航班時段

　　團票會便宜，一來當然是因為他是旅行社跟航空公司拿的團體機票位置，再來，會促銷的航段80%通常都不太好，多半是午去午回（第一天中午出發，最後一天中午航班回來），vEr小娜順便教你要會算時間：

▶ 東京都		
行　先	運賃	標準所要時間
東京シティ・エアターミナル (T-CAT/日本橋箱崎/水天宮前駅)	¥2,900	約55分
羽田空港		約75分
東京駅・日本橋地区		約80分～110分
新宿地区		約85分～100分
池袋地区		約90分～120分
目白・九段・後楽園地区		約90分～100分
銀座・汐留地区	¥3,000	約80分～90分
赤坂地区		約80分～120分
日比谷地区		約80分～90分
芝地区		約80分～120分
渋谷地区		約90分～100分
恵比寿地区		約110分
品川地区		約85分

▶ 神奈川県		
行　先	運賃	標準所要時間
横浜シティ・エア・ターミナル YCAT(横浜駅東口/スカイビル1F)		約90分
MM(みなとみらい)21地区周辺 ※ホテルニューグランドは成田空港発のみ運行	¥3,500	約120分
新横浜地区		約105分～125分

成田空港出發票價及所需時間：雖然大部分跑單幫的賣家其實都很耐操，可以扛著行李像超人一樣健步如飛的穿梭在日本地鐵站，但也有像vEr小娜這種不想要狼狽提著行李上上下下地鐵站的懶惰鬼，因此Limousine絕對是你最舒服的選擇。

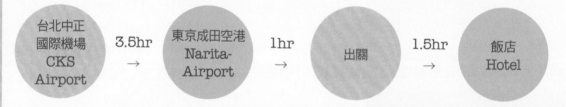

台北中正國際機場 CKS Airport　　3.5hr →　　東京成田空港 Narita-Airport　　1hr →　　出關　　1.5hr →　　飯店 Hotel

　　看懂了嗎？台北飛東京要接近4小時，出關要抓1小時，從成田出發到飯店，如果是Airport Limousine直達飯店，一般來說到新宿的飯店也約莫要1.5小時，要是你是搭乘其他交通工具，換車托行李外加迷路，恐怕你要抓2小時。也就是說，從你上飛機到你人出現站在飯店櫃台前check-in，最快至少要6個半小時，就算你中午12點的班機出發，你到東京都已經晚上6、7點，整理一下儀容開始準備逛街，東京可不是台北，隨便一個新宿東口都比台北的東區或信義區更複雜個幾倍，等你找到你要的百貨公司和商店，我看大概也都8點，你說你是不是只能逛地下街藥妝店外加吃宵夜，啥都不能買，不是等於第一天也白費？

　　所以vEr小娜相當堅持要湊到早去晚回的團票不是沒有原因，雖然貴了點，但時間就是金錢啊，因為貪小便宜的結局就是：一樣請了3天假，實際上卻只有4天可以血拚，是不是就虧大了！

所謂「早去晚回」：指的是去程早班機時間出發，回程晚班機時間起飛。到底什麼叫早，什麼叫晚呢？早要早到第一天9:20AM以前的航班，晚要晚到最後一天6:30PM以後的航班回來，你才能不慌不忙的湊到完整天數。

飛東京主要航空公司的早／晚班機時間

航空公司	代號	去程早班機時間	去程抵達時間	回程晚班機時間	晚班機抵達時間
		飛行時間3小時10分		飛行時間3小時30分	
華航	CI	08:55 AM	13:05	19:50	22:20
長榮	BR	09:00 AM	13:15	20:10	22:40
全日空	E1	09:00 AM	13:15	20:10	22:40
日亞航	EG	10:00AM	14:15	19:30	22:00
美國聯合	UA	10:05 AM	14:25	17:25	20:05

湊團票的優缺點

對航空公司來說，能付得起高價機票的絕對先奉為上賓，航空公司能表現出誠意的方式就是座位的大小及位置的前後，姑且不論頭等艙與商務艙，以經濟艙來說，如果你買的是個人票，雖然比較貴，但也保證比較受禮遇，在check in的時候一定可以正大光明選位，登機後你也會發現，你的位置通常都在飛機的前中段，好處當然是下飛機時速度比較快，還有不太容易暈機。常飛東京的人一定都很熟悉近4小時的航程中，遇到亂流是家常便飯。

湊團票既然是比較便宜的機票，那麼前面所說個人票的所有好處湊團票通通都沒有，除非你的運氣好，剛好班機人很少，那你就有機會可以挑位子。所以容易暈機的人如果買的是團票，建議最好有心理準備，因為絕對會晃得你七葷八素。

不過，話說回來坐機屁股也是有好處的，譬如用餐的時候推車是從最後一排往前推，所以肚子餓的話 你可以很快吃到熱騰騰的飛機餐；再來，機屁股絕對還有一組盥洗室，如果你想要上廁所整理儀容，絕對不用不好意思站在最前頭一大堆人被大家盯著看排隊等上廁所！

便宜票哪裡找

一般網站
⊙燦星旅遊
http://www.startravel.com.tw/
⊙易遊網
http://www.eztravel.com.tw/
⊙可樂旅遊
http://www.travelwindow.com.tw/
⊙背包客比價系統
http://www.backpackers.com.tw/forum/airfare.php

拍賣網站
輸入關鍵字「東京自由行」即可找到相關產品

Chapter 2

找住宿

來東京，不管你是旅遊還是批貨shopping，其實都不太需要住很高檔的飯店，因為大部分的時間你都在街上走、在店裡逛，回到飯店時大概已經兩腿殘廢只需要躺下來睡覺，所以高檔的飯店你壓根享受不到；再說市區型的飯店再怎麼高級也不過就是商務飯店，不是你想像中的渡假飯店，而且也沒有人會大老遠殺來東京泡在飯店的游泳池吧！

〔東京的民宿〕

老實說東京的民宿並沒有比飯店便宜很多，平均起來一天￥4000還要外加清潔費￥1000，而且因為東京地價貴，所以民宿都分布在比較偏僻的地區，歸類後可以分成兩種：一種是在JR大站附近的小小站，另一種則是批店附近的民宿，專門為了要批貨的賣家開設。vEr小娜建議，選飯店還是選民宿，其實是要看你這次整個採購行程規畫的便利性。

民宿		飯店
近JR車站、重要商圈	批店附近	
如果你有一票人來東京玩或找朋友，希望待得比較長期，建議可以選擇這種民宿比較有趣，大家住一層，有小客廳、小廚房，很像短期遊學的感覺。	如果你的目的很清楚就是批貨，而且進貨的來源以批店為主，路面店並不是你的主力，只是穿插填補不夠的貨品，則建議你可以選批店附近的民宿，相當方便又不花力氣。畢竟在東京連走上好幾天的路又要提著貨，再優雅的人也會想在表參道上罵三字經！	如果你是一邊玩一邊血拚買貨，批店又占你的進貨品項不到50%，vEr小娜建議你依據shopping的計畫路線來決定你要住的區域，畢竟減少搭車往返的時間，才能有更多時間shopping。

vEr小娜建議如果你的區域都在東京內，沒有拉到郊區，你可以選擇住新宿；如果你有要去所謂東京近郊，橫濱或者台場，建議你可以考慮品川，往東往西都方便，離批店也比較近。

VIP大套房。

雙人雅房。

跑單幫專用民宿

　　一般的民宿我們這裡就先不多講，關於專門提供給批貨賣家的民宿，有很多其實是台灣人開的，因此說國語也都ok喔！

　　所謂民宿其實就是像商務小公寓一樣，一小棟，裡頭一間間像學生時期在外租的房子一樣，也有分雅房、套房、三人房……床的安排則看房間型態，有些是榻榻米，有的則是正常床；一般來說民宿都會規畫公共客廳、小廚房，方便跑單幫的店家需要大空間可以整理貨，如果不喜歡跟別人共享，當然也可以住VIP套房，不但空間大又可以擁有自己的衛浴盥洗室與廚房，重點是自己採購的貨品不會被其他店家看到；無論是哪一種，住民宿不比住飯店，如果你住京王飯店等級，民宿當然不能比，但如果是住華盛頓或是王子這種，民宿其實房間空間比飯店還大，最重要的還是，如果你的採買地點是以批店為主的話，民宿還是能幫你省下很多交通時間。

跑單幫專用民宿服務

住宿服務	冷暖氣、電視、鬧鐘、吹風機、沐浴乳、洗髮精、熱水瓶、公用電話、冰箱、熱水器、瓦斯爐。有些固定住某一家民宿的跑單幫賣家，會把自己的住宿用品寄放在民宿裡，例如：盥洗用品、睡衣、裝貨包包之類……以節省行李空間。
供餐服務	很多以批店為主要進貨管道的跑單幫賣家，其實除了進批店外，並不想要在街上亂逛，因此會有一些民宿直接提供包餐服務，登記每天要用餐的人數，時間到了你會看到各國籍的男男女女圍成一個圓桌吃飯。
理貨工具	通常民宿的晚上，你會看到跑單幫的賣家分別占據小客廳的一方，整理他們今天採購的貨品，因為要整理大量的貨品，民宿會提供大磅秤，標籤處理小工具，像剪刀、日本製印章等。
出借腳踏車	因為距離批店區比較近，民宿樓下會放幾台腳踏車，有些賣家懶得走路了，就乾脆騎腳踏車去批貨，或者回民宿後發現漏買的品項，就再騎腳踏車回批店補貨。
出借／代辦批店會員卡	大部分民宿經營人其實也都有附近批店的會員卡，如果你剛好沒有某家店的會員卡，倒是可以跟老闆借一下，進去那家批店看看是不是有你要的貨，或許當場就決定是不是就多辦一張卡。當然，如果你擔心語言不通也可以請批店幫你代辦批卡喔。
代工服務	民宿有專門協助跑單幫處理商品寄送回台灣的服務，服務內容包括整理打包，譬如服裝類貨品會需要剪標籤處理等。代工的價格是用公斤算（1KGNT$250~300元不等），價格是會波動的，所以賣家可以自己衡量是否划算，因為如果你可以分攤行李的人頭多，就可以自己帶，省下代工錢了。若要請代工寄送，大部分批店結帳時可以直接幫你送到附近民宿。

Chapter 8

批店附近民宿訂房資訊

⊙**時代套房**

〒東京都中央區日本橋馬喰町1-12-7（703室）

TEL：03-3661-1834、03-3661-1927

傳真：03-3663-6224；手機:03010-97953

計費方式：3人房每人每晚日幣4000元，最後每人需再加日幣1000元的清潔費

連絡人：翁太太（可以借根萊的批店卡）

⊙**四維套房**

〒東京都中央區日本橋馬喰町 1-13-8

TEL：03-3387-3020

計費方式：三人套房日幣12000元，未附餐，每人外加收日幣1000元清潔費

聯絡人：羅媽媽

⊙**青春之家**

〒111-0051 東京都台東區藏前（黃色樓房）

TEL：台灣 (06) 208-6127；東京：03-3864-7396

服務時間：AM9～PM6 例假日休息

計費方式：一般雙人房NT$1100（空調投幣式8小時 30元）

　　　　　雙人套房NT$1700

網址：http://www.young-house.com/

〔飯店實用情報〕

　　雖然能挑選的飯店很多，但最後在預算、飯店感覺及方便性考量下，大部分人會選擇的飯店不脫下列幾家，一般人直覺可能都是選擇住新宿，但vEr小娜建議也可以考慮品川，因為他剛好位於JR山手線正中間，東南往台場、東北去批店大本營，西往原宿、新宿，南往橫濱都方便，這些分享是讓大家在旅行社給的資料之外有更實際的經驗參考，每一家飯店都有優缺點，每一次帶貨也不見得要固定住同一家，遇到飯店剛好在促銷當然選便宜的，再來要考慮自己當次帶貨的重點地區集中在哪裡，這樣才能知道自己住哪個區域最適合喔！

地區	飯店名稱	優點	缺點
新宿	華盛頓飯店	⊙飯店內有便利超商。（本館） ⊙房間大小中等。（新館較大） ⊙可以加床變成3人房。 ⊙B1直達JR新宿駅。 ⊙Limousinebus機場巴士在華盛頓 ⊙離JR新宿駅不迷路步行約7分鐘。	⊙位於新宿駅新南口的華盛頓飯店，從JR新宿駅走到飯店，大約要20分鐘路程，也就是說，你每天出門前後有快一個鐘頭的時間都在走路，當買貨回來還要走那麼長一段路，最好是有雙耐走的彈簧腿才行。 ⊙如果逛街逛太晚，地鐵站通道可是會關門的（PM:11:00），就要走到地面上，華盛頓附近幾乎沒有商店，有點荒涼。
新宿	王子飯店	⊙離JR新宿駅不迷路步行約7分鐘。 ⊙在鬧區中的飯店，購物、找東西吃、半夜逛街都很方便。 ⊙對街就有便利商店、旁邊就有咖啡店、麥當勞還有地下街商店。 ⊙對面後面巷子很多便宜道地美食，濃厚的雞油脂拉麵一碗才NT$350喔！	⊙Limousinebus機場巴士沒有停靠，需要到京王飯店搭乘。 ⊙因為新宿駅太複雜，王子飯店又不是位在大馬路上，唯一好識別的只有它那超級扁扁高高的外觀了。建議JR新宿找到西口後再出地面。因為第一次到東京的人絕對200%會在新宿地上地下都迷路。 ⊙房間很小 >_<
新宿	京王飯店	⊙位於新宿駅西口的高級大樓區，人口單純，晚上那一區很安靜。 ⊙Limousinebus機場巴士有接駁。 ⊙房間寬敞，舒服。 ⊙白天逛街方便，京王百貨就在旁邊。 ⊙離新駅步行不到5分鐘，交通方便。	⊙附近的店家比較早就打烊，如果要逛很晚可能要到歌舞伎廳方面逛完再慢慢走回飯店。（不過就是會覺得有點安靜得太可怕） ⊙價位比較高，一般跑單幫不會住。
品川	王子 （本館、別館、新館）	⊙Limousinebus機場巴士有接駁。 ⊙房間中等大小，安靜，飯店有6種早餐可以選擇。 ⊙飯店整體設備比較像觀光飯店，門面豪華光鮮亮麗，飯店內商店街還蠻多的。 ⊙旁邊有飯店附屬shopping mall，還有麥當勞、便利商店、超級市場、大利面館、café店及JR品川駅的購物中心。	位於商業區，晚上人煙稀少，比較像新宿京王的感覺。

各家飯店網站資訊

⊙京王プラザホテル

新宿京王飯店 http://www.keioplaza.co.jp/

〒160-8330 新宿區西新宿2-2-1

TEL：03-3344-0111

JR新宿駅西口下車徒歩5～7分。

⊙新宿プリンスホテル

新宿王子飯店 http://www.princehotels.co.jp/shinjuku/

〒160-8487 東京都新宿區歌舞伎町1-30-1

TEL：03-3205-1111

FAX：03-3205-1952

飯店2F直達西武新宿駅，JR線、地下鉄、私鉄の各新宿下車徒歩5～10分

⊙品川プリンスホテル

品川王子飯店http://www.princehotels.co.jp/shinagawa/

〒108-8611 東京都港區高輪4-10-30

TEL：03-3440-1111

新幹線、JR線、京浜急行の品川前（高輪口）均有到達，品川駅下車徒歩2～5分。

⊙新宿ワシントンホテル

新宿華盛頓飯店 http://www.shinjyuku-wh.com/

〒160-8336 東京都新宿區西新宿3-2-9

TEL：03-3343-3111

JR新宿駅南口下車，徒歩約15～25分。

打包精簡萬用批貨行李

到東京建議化妝包不用裝太多，慣用基礎底妝及功能型的彩妝品帶著就可以了，BB霜旅行時真的很方便，如果你怕天氣太乾不好推，可以再加一點保濕產品，志玲姐姐代言的ARTDECO瑜珈系列又香又保濕，vEr小娜大推薦。

〔行李箱〕

行李箱在整個帶貨過程中扮演相當重要的角色，一旦行李箱沒搞定，很多意外都會接踵而來，要面對的後果就是提心吊膽的過海關，或者在機場被擋下來罰錢之類的，遇到這樣的倒楣事絕對會影響你的心情！

近年來由於油價一直調漲，所以航空公司在免費行李拖運部分重量限制也都縮水了，常出國的人一定知道，以前各家航空公司其實都會好心的偷偷放水，vEr小娜的經驗值是，只要不是搭美國線航班，其他像中華、國泰、長榮、日航等航空公司，經濟艙大概都可以接受到23KG左右，而手提行李只要不要提到太誇張的多，即使你肩背2個、後背1個、手提2個，只要看起來還是輕輕鬆鬆，航空公司地勤通常也都睜一隻眼閉一隻眼讓你過關。但是現在可沒那麼好囉，因為燃料費一直漲，連機上原本的女性雜誌都因為太厚太重而全部請下飛機，所以現在航空公司是斤斤計較，一不小心就很容易被罰錢的！

一般來說，免費行李拖運的規定分成美國線以及非美國線，美國線部分是重量和件數合併規定，非美國線則是用單一標準「重量」計算，依照艙等而有不同：頭等艙40kg、商務艙30kg，經濟艙20KG；手提部分規定則是包括「手提行李」、「個人物品」及「特殊物品」三部分，通常隨身包包以及個人電腦都算是個人物品，嬰兒車則算是特殊物品。

手提行李限制

艙等	可攜帶件數	手提行李限制及尺寸	重量限制（每件）
頭等艙	2件	⊙第1件為一般手提行李（體積不可超過56x36x23公分，22x14x9英吋） ⊙第2件為一般手提行李（體積不可超過56x36x23公分，22x14x9英吋）或航空西裝袋（折疊後之厚度不可超過20公分）	7kg
商務艙	2件	⊙第1件為一般手提行李（體積不可超過56x36x23公分，22x14x9 英吋） ⊙第2件為航空西裝袋（折疊後之厚度不可超過20公分）	7kg
經濟艙	1件	1件一般手提行李	7kg

如果確定是要去帶貨，行李箱絕對在出去前要先稱重量，這樣你才好掌握你的行李箱適不適合跟你去帶貨。在材質方面，建議用帆布材質、軟殼的比較輕，塑膠硬殼的不適合帶貨用。一般登機箱的規定是以長、寬、高來判斷，經濟艙客人的規定是56公分x 36公分 x 23公分（22吋x 14吋x 9吋），簡單來說，21吋大小的行李箱勉強可以上飛機，大部分商務客人的登機行李其實多半都是15、16、18吋為主；不過這些規定都會變動，尤其是遇到重大飛安事故之後出國，所有的相關規定都會調整，所以要出國前最好跟旅行社再確認一下比較安全。

行李箱的大小，vEr小娜建議配上自己的體型後再選擇適合大小的行李箱，通常帶貨的行李箱可以選擇25吋或29吋的比較適合，另外底部最好還能加大厚度搞變身的最OK。

行李箱尺寸會因各家廠牌不同略有誤差值，大家可以直接詢問店家會較準確。

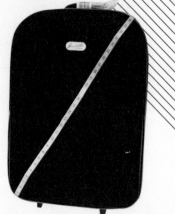

托運行李箱尺寸對照表

尺寸	規格
21吋	旅行箱斜對角53公分（約20、21吋） 外部：離地高（上方拉桿手把至地面）60cm、寬38cm、厚25cm，軟殼旅行箱加大後厚度31cm。 內部：高50cm、寬36cm、厚23cm，軟殼旅行箱加大後厚度29cm。
25吋	旅行箱斜對角約64公分（約24、25吋） 外部：離地高（上方拉桿手把至地面）71cm、寬46cm、厚27cm，軟殼旅行箱加大後厚度33cm。 內部：高62cm、寬43cm、厚24cm，軟殼皮箱加大厚度31cm。
29吋	旅行箱斜對角約74公分（約28、29吋） 外部：離地高（上方拉桿手把至地面）81cm、寬52cm、厚30cm，軟殼旅行箱加大後厚度36cm。 內部：高72cm、寬50cm、厚28cm，軟殼皮箱加大厚度34cm。

vEr小娜碎碎念

保養品化妝品上機的規定

2007年3月1日起，所有旅客隨身攜帶之液體、膠狀或噴霧類物品其個別容器體積不得超過100毫升，所有液體、膠狀或噴霧類物品容器均應裝於不超過1公升且可重覆密封之透明塑膠袋內。

這個規定讓所有女性同胞出國前陣腳大亂，保養品只要是非旅行組的正品，要超過100ml的規格時在是太容易了！但這規定也有奇怪的但書，就是免稅商店購買之物品又獨立在這規定之外，只要提供有日期及收據作為證明，並且以透明、附有拉鏈的塑膠袋裝起來，超過100ml也不會有問題。vEr

〔信用卡、現金〕

如果這一趟是要帶貨，那絕對資金要充足，否則一趟貨帶不夠時，可能會面臨賠錢的命運！現金與信用卡怎麼分配，就要看進貨的品項及店家規定來衡量。如果你帶的東西大部分都是叫得出品牌的貨，應該都可以刷卡搞定，批店跟個性小店可能以現金為主，部分藥妝店有規定到達某金額限制時才能使用信用卡。

vEr小娜建議大家要出去前一定要先檢查信用卡額度，要是額度擔心不夠，就請臨時調高額度，不過千萬要量力而為，因為調高的額度在下一次繳費時，可是要繳全額的喔，一般會這樣做多半是怕現金帶太多不安全，絕對不是因為現金不夠要靠信用卡，要是為了帶貨變卡奴可就划不來了。

如果你有很多張信用卡，檢查一下是不是有JCB卡較安全，尤其是如果你會去一些類似自由之丘、下北澤這種較小地區的個性小店時，有JCB卡比較不會遇到刷卡意外事件發生，因為很多設計師小店其實不一定有提供國際信用卡服務(VISA、MASTERCARD)，如果你沒有JCB卡就只好運用現金囉。

〔天氣與服裝〕

日本的天氣其實跟台灣不會差很多，早晚的溫差也還好，大概只有在春夏交界去日本時可能還是要注意天氣會有點涼，薄外套要帶著，其餘當然日本的冬天會下雪，該保暖的衣服也不用我多費唇舌。建議大家要出國前上日本Yahoo看天氣預測，如果發現此行可能會遇到下雨，記得帶把輕一點的小雨傘，先放在行李箱最後面的拉鍊袋裡托運，到日本領出行李後，再把他先放進隨身包包就OK啦。

另外在鞋子方面，切記「不要穿新鞋喔」，除非你的新鞋是專門為了可以走長程又不會腳痛而買的。當然舒適度第一，好看先擺其次啦，小娜公主目前還沒有聽過有人來日本shopping腿不痠的案例，尤其要買貨時通常分秒必爭，太難走的鞋，不安全的鞋(走一走會掉的那種)，最好都把他放在家裡。

千萬不要以為球鞋、休閒鞋就一定很好走喔，像CONVERSE的ALL STAR 其實底很硬，鞋子又重，整天走下來或許還能忍受，連走2天大概就會受不了，其他廠牌鞋子也以此類推，不適合的就算再美，也千萬不要逞強，到時候腳磨破皮或拐到，戰力受損時才後悔可就來不及囉，要想想機票一張可是上萬的喔！

跟隨vEr小娜
多年的PINGU
安全剪刀。

〔買貨小幫手〕

計算機

　　隨時都要按計算機,可以帶自己的幸運計算機,或者能掛在脖子上的那種,免得搞丟,丟計算機這種事情還挺常發生在vEr小娜身上,所以出國時都會帶2個,以備不時之需;另外建議最好是帶可以設定靜音的計算機,免得在店裡太引人注目。

採購資料

　　出國前記得把蒐集好的資料裝好,由於紙張的東西一多就會重,vEr小娜建議大家可以按照每天行程的路線來分開裝,信封上面標示Day1、Day2⋯⋯每天出門只要拿當天要用到的資料就方便多了。

3M隨手黏黏貼

　　有時候買完東西來不及記帳到小本子裡,vEr小娜建議大家可以帶一些3M黏黏貼,找到空檔就可以先隨手記上去,然後直接貼在「採購資料A4信封袋上,免得等到回飯店再統一整理時,早就已經忘記一大半了。

理貨三寶

　　小剪刀、訂書機、報價單(文具店都有賣,買二聯的就可以啦!)小剪刀要注意,因為很容易出關前就扣留在機場的危險物品箱,建議帶有安全套的剪刀,或者到日本再買囉。

帳單小信封袋

　　每天的帳單為了不弄亂,vEr小娜的經驗是用小信封袋分開裝,你可以用天數分,Day1、Day2⋯⋯以此類推,或者直接用商品品項分,總之,看你自己怎麼樣比較習慣就可以了。每天出門時習慣把帳單扔進對的信封袋,扔進去前直接在信封上寫下進貨地、商品品名跟金額,回到飯店後保證不用努力拼湊今天的購物記憶!

小行李箱、折疊式背袋

　　通常在大行李箱裡一定會多準備一個折疊式背袋,這就不用多介紹了,但小娜公主要特別推薦給大家可以多帶一個輕的小行李箱,不是要讓你手提或托運,而是讓你在帶貨中可以比較輕鬆,不用提到手快斷掉、肩膀瘀青,這個小行李箱絕對不是大到跟登機箱一樣,他一樣是帆布、有輪子、可以分段的把手,大小差不多像小朋友出國會拉的行李箱大小,你也可以到日本再買,新宿或原宿的MONO COMME CA買起來最划算,最小的合台幣不到500塊錢,而且有低調素面,也有花俏到讓你愛不釋手的喔!

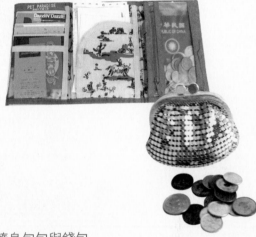

薇姿的賦活保濕身體乳不但可以促進血液循環，一塗抹就變成水狀超吸收，很適合去乾燥的國家旅行用喔。

保養品、化妝品與藥品

每次到日本都很掙扎，明知道進貨時會很man，再重的東西也都要自己扛，搞得灰頭土臉是家常便飯，但這裡是日本是日本耶！滿街的人都像是從VIVI、cawaii等日系雜誌中跳出來的model一樣，要是進到店裡像個村姑，那不是糗掉了？！所以小娜公主建議大家還是不要偷懶，該畫的妝馬虎不得，起碼要有陶瓷肌、電眼濃睫，頭髮也別披頭散髮，平常「女人我最大」應該也看很久了，怎麼梳頭髮沒學到精髓應該也有皮毛，你就算不在意自己的形象，也好歹要讓台灣人不要丟臉，至少我們的金城武跟徐若瑄在日本都還有頭有臉的，別把他們拖下水啊～

在保養方面，去日本要比較注重保濕，因為他們的氣候跟台灣比起來乾很多，尤其是冬天，建議大家洗面乳、乳液、粉底之類的，都要是「你平常在家就常用的」，出國旅遊最忌諱帶沒用過的保養品或彩妝品，太乾的那種不要帶，帶保水度比較高的，這些塗在臉上的東西一定要你最習慣的，否則脫皮加脫妝，你真的會飲恨在日本。而藥品方面，建議大家一般的感冒藥、頭痛藥、腸胃藥要帶，如果自己有特殊的狀況，也記得把相關藥品放進行李，譬如：過敏藥、便秘藥等。其他像OK繃、貼痠痛的vEr小娜是一定會帶，雖然說日本隨處買得到，但畢竟是帶貨咩，能省則省囉。

如果你有帶隱形眼鏡，記得多帶幾副拋棄式的，因為日本的隱形眼鏡可不是在眼鏡店裡販售，是要進醫院由醫生開立才行，別自己找麻煩。最後提醒大家，出國前記得一定要去做「牙齒健康檢查」，萬一出國了臨時牙痛，那情況會很慘，因為牙痛要人命，語言不通的情況下要找到真能止痛的藥的機率相當低，別拿自己開玩笑，vEr小娜就有同行的朋友遇到這種事，嚇得我每次出國前絕對會乖乖跟牙醫報到，甚至還不辭辛苦帶著大瓶的蜂膠漱口水，就是要確保這幾天的時間裡，牙齒會乖乖聽話不要給我出亂子。

隨身包包與錢包

來日本shopping絕對沒有人會帶霹靂腰包大小的包包，那個是去東南亞國家才會帶的，而且應該是你的爸爸媽媽那種年紀的「長輩」才會用的，通常就是你平常逛街時會背的包包，只是要注意袋子本身不要太重(有皮跟金屬鍊帶的就會重)，另外還要能耐髒，最好裡頭有很多內袋，整個袋子軟一點的，能擠能塞，差不多就很完美了。至於袋子的大小就看你的個人能耐，你能背能提，就能背大一點的袋子，購物時把東西都扔進去，省得左提一袋，右拎一袋，一路上下來，萬一你很迷糊，搞丟了不說，所有的購物提袋都是細細的一條繩子，你的手跟肩膀絕對會被勒得一條條紅色血痕，慘不忍睹。

錢包方面，由於日幣銅板類的很多，建議大家可以準備一個小零錢包，這樣隨時要買車票時，就不會在販賣機前拼命掏錢卻又速度超慢，讓後面排隊的人很不耐煩。至於鈔票方面，建議可以捨棄平常在國內用的錢包，因為日幣鈔票比較短卻又比較寬，我們一般的鈔票夾其實不是很適合，小娜公主建議大家可以用大一點的複合式三摺事務夾，因為除了鈔票外，不要忘記我們每天都還要把護照帶在身上，因為買很多東西想要免稅都要出示護照給店家才行，所以最好這個多功能錢包什麼都能裝最ok囉！

Chapter
3

Chapter 3
東京批店大公開

同樣是批貨，大陸與韓國線的批店就沒有日本批店那樣神祕，
主要是因為大陸與韓國的批貨方式比較接近工廠打版量產的大批發，
而日本即使是批店，扣除精品平行輸入以及卡通動漫人偶、周邊商品外，
流行商品、雜貨等依然講求獨特性，
這也是為什麼喜歡日本線的店家，不會為了降低成本而改批韓貨。
現在，就讓vEr小娜帶大家了解傳說中的日本跑單幫大本營--馬喰町批店！

3-1

批貨決勝站的日本批店
傳說中的日本批店」

台灣這幾年開始流行個人創業，各路賣家的年齡層愈來愈低，大家都在想盡辦法做個獨門生意。但是一般人自行創業，通常不易找到門路，也無法擁有大公司的規模，藉由量大壓低成本，更不可能輕易找工廠開模、製版……唯一能走的路線，就是批發進價低的單品，加上一點DIY的創意，變成獨一無二的自創商品。

因此，批發業開始備受討論，許多批發行也在網路上為自己宣傳、廣告，只要輸入類似「飾品批發」、「日、韓貨批發」的搜尋字眼，就會跑出一堆讓你嚇傻的資料，顯見拍賣已經不再足以應付市場需求。這樣的現象，也促使入口網站、專業電子商務網站，進入到新的電子商務平台戰國時代，分別推出開店、招商、加盟、商店街等新的展店制度，可以預見將會有愈來愈多有特色的賣家，將從拍賣轉到新平台上經營自己的個人商店。

無論是網路的銷售平台，或是實體的店面經營，賣家都必須比別人掌握更多的進貨管道，想辦法批進價廉物美的商品，才能在這一波自行創業的風潮中脫穎而出。尤其想前往日本線批貨的朋友，更要充分了解批店資訊！以往日本線批店訊息只在業內流通，現在，vEr小娜將大方公開，誠意分享給所有準備進軍東京的賣家朋友！

台灣批店VS日本批店

➔ 台灣批店

即使沒有親自去過,也一定聽過台北後火車站有很多飾品、包包批發店,而鼎鼎大名的五分埔,則多半是台灣COPY韓國、日本流行服飾批發集散地。但是並非所有那裡的店家都是批發店,有些充其量不過是個性小店,牌價也便宜不到哪去,而且很多後火車站的飾品店,尤其是賣銀飾的,除非你是熟客、了解行情(銀飾屬於貴金屬,就像金價一樣,價格會有波動,並不是一成不變的),否則通常你都要先買到一定的金額(約NT$3000元),老闆才會告訴你每一款的批價是多少,很麻煩,也夠神秘!除非你不是吃了秤坨鐵了心,打定主意要做生意,恐怕也很難拿到批發價格的商品!

目前台北後火車站飾品批發店,以「黛德美」為最大的門市vEr小娜以該店為範本整理介紹,幫助大家了解一下台灣批店的概況:

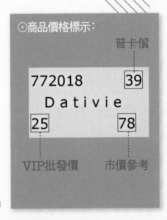

⊙商品價格標示:

普卡價

772018　　39

Dativie

25　　　　78

VIP批發價　　市價參考

黛德美
⊙所在地點:台北市重慶北路市民大道路口(台北地下街北5出口)
⊙採會員制:分「普卡」跟「VIP批發卡」
  A普卡:現場辦即可,購物+50元即現場領卡
  B VIP批發卡:購物滿NT$6000元即可辦理
⊙銷售樓層:1F/水鑽飾品、指甲彩繪、彩妝、頭髮飾品、項鍊、耳環
　　　　　　2F/內衣褲、雜貨小物
　　　　　　3F/三麗鷗系列(Hello Kitty全系列商品)、卡通人物周邊商品

➔ 日本批店

日本的批店向來都是傳統跑單幫進貨的大本營,在日本,批店有類似同業公會的組織,只要上yahoo.com.jp輸入關鍵字「東京問屋聯盟」,就能查到所有有登記的批店資料。但是跟台灣不一樣的地方,在於日本批店管理較為嚴謹,不但入會資格相當嚴格,連進入店家也一定要有卡才能通行,不是隨便都能進去參觀。若你只是有個網拍帳號,恐怕要心碎了,因為想要入會日本批店會員,繳交的資料都是針對正正當當、有實體店面的店家,並不是每個人都有條件辦理的,更不是繳一筆費用就可以搞定的!

東京線批店大本營

目前東京的批店主要集中在橫山町、馬喰町附近，這要追溯到江戶時期，這一帶幾乎都是旅店，因為要進關東地區的商人都會在這落腳休息，各種布商、珠寶商、紙商、文具商……齊聚在此，由於商人間彼此交流，也形成各種不同的小型商圈直到今天。如今雖然沒有了旅館，這裡卻成為批發商店街，轉個彎、隔條巷子、對面的馬路……到處都是各種專門的批發店。

其中，位在JR線上的馬喰町，不但聚集許多專門批店，而且什麼樣的商品都有，除了流行類的商品外，也有許多專門批店，譬如坂本產業株式會社就是一間專門提供各行業制服的批店。從銀行、OL、餐飲、護士服到工地，貨色齊全樣樣都有！另外，松野株式會社則是一間專門做日本學生書包的批店，也就是日劇常會看到小學生後背的黑色雙肩皮革書包，我記得在台灣一個售價都是上萬的，台北有幾間貴族小學的書包就是用這種，總之，這裡的批店什麼都有，就看你要做那一門子生意。

凡例

- 糸紐・織物・既製服
- 婦人服・子供服
- ニット製品・靴下・足袋
- タオル・ハンカチーフ
- 洋装品・帽子・ボタン・手芸用品
- 鞄・袋物・靴
- 装粧品・化粧品
- 文具・紙製品・事務機・ビニール・生活雑貨・スポーツ用品
- ★ 連盟サービス券がご利用できる飲食店

vEr小娜推薦批店

vEr小娜為大家整裡了一下台灣賣家比較常去的幾家批店
提供各位下次前去進貨時的參考！

批店名稱	營業項目	vEr小娜的叮嚀
開店用品、包裝盒大推薦-- simozima株式會社 東京都央區日本橋馬喰町1-7-19	開店會用到的一切相關用品：店內裝飾、擺設、飾品包裝、展示台、各種材質包裝、標籤、工具類、文具等。	●營業時間： 09：00～17：30；星期日、節日、年終年初、盤點日固定休息。
流行商品批發推薦-- NEGORO 根萊株式會社 東京都中央區日本橋馬喰町1-6-5	根萊的商品流行度還不錯，也是台灣跑單幫常去的批店之一，商品包括：袋子、包包、流行服飾配件小物、禮品等批發。	●營業時間： 09：00~17：00

批店名稱	營業項目	vEr小娜的叮嚀
流行商品批發推薦-- **海渡株式會社** ETOILE エトワール海渡 東京都中央區日本橋馬喰町1-7-16	超大家的批店，也是台灣跑單幫最常去的批店之一，流行服飾、包包、流行雜貨、內衣、廚房、家飾類雜貨小物、各種電器、美妝藥妝品、美髮護髮用品、童裝、玩具、文具、首飾配件、手錶……一應齊全。	●營業時間： 09：00～17：30；星期日、節日、年終年初、盤點日固定休息。
精緻雜貨小物、幼兒用品大推薦-- **丹波屋株式會社** ◯ TANBAYA 東京都中央區日本橋橫山町7番地17	丹波屋算是很有規模的批店，商品包括廚房各種雜貨、器皿、嬰兒各種衣物、書、玩具等，連BIRKENSTOCK鞋這裡也有，還有許多有品牌設計師玩偶……喜歡日本流行可愛小物的人千萬不要錯過這裡。	●營業時間： 09：00～17：30；星期日、節日、年終年初、盤點日固定休息。
MDM TOKYO (株)マスダ増 美容、美髮、飾品、 卡通動漫周邊大推薦-- **MDM株式會社** 東京都中央區日本橋橫山町7-5	MDM也是台灣跑單幫常去的批店之一，商品包括美容、美髮材料、美妝藥妝、貴金屬、流行首飾配件、包包、袋子、文具雜貨小物、手錶、精品等綜合批發。	●營業時間： 09：00~17：00；每星期二延長到19：00 店內用顏色分為3個館，綠館B1結帳時有中文服務人員。可刷卡結帳，但美妝產品要付現。
MIYAKO s e n i 童裝、流行服飾配件大推薦-- **MIYAKO SENI** 東京都中央區日本橋橫山町10-11	MIYAKO的服裝與配件類算得上是最一線的款式，台灣有相當多精品店其實都是從這裡進貨，獨棟6層樓，從B1的童裝一直到運動休閒服、當季的街頭流行款、還有典雅的OL服裝，可愛的、優雅的樣樣齊全。日本流行服裝雜誌上的款式，這裡全都找得到，其中也不乏知名品牌，而且配件齊全，包包、鞋子、皮帶、帽子……以服飾為主的賣家保證逛得意猶未盡！	●營業時間： 09：00~17：00；週日、例假日休息，一月跟八月的星期六休息。（店內可刷卡結帳）

Chapter 5

〔東京批店交通指南〕

勇闖馬喰町,保證不迷路!

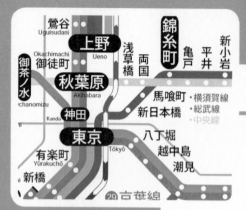

STEP **1**

馬喰町在哪裡?

馬喰町駅剛好位在JR總武線跟中央線上的交叉點,交通相當方便。

STEP **2**

電車要怎麼搭?

⊙從新宿出發:如果你從新宿出發,搭乘中央線到東京,再換總武線就可以到馬喰町駅。

⊙從品川出發:如果你從品川出發,搭乘山手線到東京,再換總武線就可以到馬喰町駅。

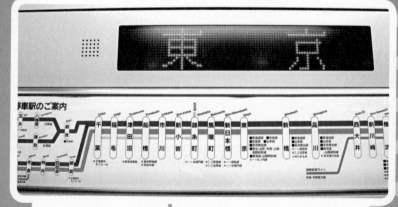

STEP **3**

到了馬喰町駅要怎麼走?

紙上談兵完你還是有點小怕怕嗎?沒關係,vEr小娜早就幫大家準備好沿路交通指標圖,到了東京駅,跟著照片中的標示走,你就能安全抵達馬喰町駅找到你要去的批店囉!

↓ 這次為大家示範的是去美容、美髮、飾品、卡通動漫周邊商品都很齊全的MDM--

1 到了東京駅,先找到總武線搭乘的月台入口。

2 馬喰町駅下車後,找到跟照片上一樣的出口就對了。

3 沿路上會走蠻久的喔,會有往上的電梯,在電梯入口處有很大的「西口」標示,旁邊的廣告,就是前面有提到的海渡。

4 通過電梯就會看到馬喰町駅西口的案內資訊,1號跟2號出口是往橫山町,都有我們要去的批店。

5 3號出口到囉!MDM的招牌也在這邊出現,現在你可以放心啦,沒有迷路喔!

6 如果想找其他家批店位置,從3號出口上去,你就會看到這張MAP,可以看到這一區所有的店家分布喔。

7 MDM到囉,開始批貨!

91

3-2
批店進場Go Shopping！
批店進場準備

準備批卡、現金

大家一定很好奇,到底要怎麼進入批店呢?一張批卡可以帶幾個人呢?誠如前述日本批店規定,要想進入日本批店批貨必須出示批卡,一張批卡可以2個人頭進去。如果你問vEr小娜不是本人怎麼辦,我會跟你說,批卡上都有附大頭照,當然不要太離譜啊,只要你不是女生拿男生的卡,或者你20出頭拿個40歲老闆娘的卡進去,批店還不至於那麼刁難。一般來說,如果同時有好幾個人要進去,vEr小娜會建議你採用車輪戰,也就是分批帶人進去,你先帶一個進去,間隔一會兒出來,再帶一個進去,只要不是人太多,目前為止這方法還算行得通。

至於進貨款項的部分,由於有些批店只收現金,所以你一定要先預抓進貨款項,準備好要進貨的金額上限並把錢帶夠,否則真的是叫天天不應,叫地地不靈,管你信用卡是白金還是黑鑽完全派不上用場。

MEMBERSHIP CARD
NO. 83288
nationality/ 台灣
name/ 千金小姐洋行
tel/ 02-77777777

Tokyo/JAPAN
MIYAKO
SEN-I CO. Ltd.
tel:03-3663-3851 fax:03-3661-8771
E-mail : info@miyako-seni.co.jp

〒103-0003 東京都中央区日本橋横山町7.5
☎ 03-3664-7651

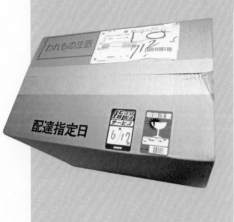

安排送貨、代工

大部分批店都有提供日本國內宅配的服務,如果你不打算請代工,希望自己帶回國,要記得把飯店、住宿的地址隨時帶在身邊,每家批店都各自有免費宅配的額度規定,依照你要運送地區的遠近,只要達到該批店購物金額上限就能享有免費宅配服務,愈近的地區額度愈低,以此類推,不過通常要次日宅配,所以大家要算好時間,別等到回國前一天才去批店,那你就要有心理準備自己扛貨回飯店了。如果你時間來不及,沒辦法請批店幫忙宅配,記得要拖個小行李箱去批貨,不然帶著大包、小包的貨哪兒都不能去,地鐵上上下下還真的會狼狽又辛酸。

此外,通常代工的公司會開在批店附近,如果你要請代工寄回台灣,就直接把代工的地址給批店,批店會把貨送免費送到代工公司。目前日本許多代工公司都是由台灣人開的,收費的方式是以重量(KG)來算,有些代工服務很貼心,會幫客人連貨都整理好,讓你回台灣後,不用擔心貨品被卡在海關,通常比較要整理貨品的以服飾居多,因為台灣的法規有規定大陸製紡織品不得進口,因此大部分批服飾類的賣家都要花相當多時間把「Made In China」的水洗標籤剪掉,如果不想花時間做這樣的「苦工」,也可以交給代工處理,但是有些代工整理貨品還要另外收費。(網路上輸入「日本代寄服務」搜尋,就會跑出相關公司的網站)

學會看懂批價

進入批店一定要先學會看批價,不然算錯進貨價格不就很瞎?!每一個商品一定會有兩個標價,vEr小娜教你一個好辨認的方法,商品正面有「日幣」標價的,就是代表外面市售價的參考,因為市售價會有稅金問題,所以通常未稅、含稅的價格會放在一起,你算一下差5%的那個數字就是了。反之,在商品背面看起來像是貨品編號的那個數字,就是所謂批價。如果你拿的商品標價沒有分正反面,就有可能是上下區分的呈現方式。

批店中會標示二種價格,右上方有日幣價格的是「市價」;右下方看起來像流水號#xxxx的其實就是「批價」。

93

批店商品博覽

首飾、配件

　　批店的項鍊、耳環、髮飾配件相當多，一般分成流行配件跟貴珠寶兩種，貴珠寶是指92.5銀、18K金或24K金材質為基礎的飾品，售價上當然差很多，貴金屬就跟金價一樣，價格隨時會波動，再加上匯率問題，利潤很難掌控，不建議採購。

　　流行飾品在批店通常就占了1~2個樓層，通常髮飾跟首飾類會分開，如果你擔心批店的款式會老氣，那你就錯了！因為批店也是跟的流行走的，譬如今年流行海洋風，批店還會特別推出海洋風館，把所有相關的產品都放在一起主打，所以你絕對不用擔心來批店會找到過氣的款式。

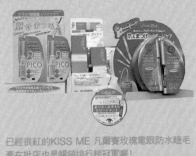

已經很紅的KISS ME凡爾賽玫瑰電眼防水睫毛膏在批店也是暢銷排行榜冠軍喔！

美容、藥妝、美髮用品

　　許多有品牌的美容儀器在批店都找得到，例如National，Panasonic等；至於保養品跟彩妝用品，市面上1/5的商品也可以在批店找到，譬如SKII、植村秀、H2O、佳麗寶等，不過除非你的量夠大，否則因為他的單價低，利潤空間就很有限。通常vEr小娜會建議採購儀器類商品，因為價差很大，不過它攜帶起來就不是那麼便利了。另外，有些新奇小物可以操作看看，市面上愈少的東西，只要你判斷有市場性、話題性、好包裝，都可以試試看喔。

現在最流行mix版的假睫毛，可以任意調整位置，超自然的迷人喔！

專櫃的保養品、防曬、跟香水，批店也買得到喔！

精品（平行輸入）

　　有些批店會有專門提供平行輸入的商品，像是Tiffany、Gucci、Prada、Coach、Burberry、Dior等，品項則從包包、首飾配件、手錶、皮夾到衣服、鞋子都有，但是價格方面vEr小娜可就不敢拍胸埔保證了！有興趣的人可要自己做足功課再下手，畢竟精品的價格可是隨時在調整的喔。

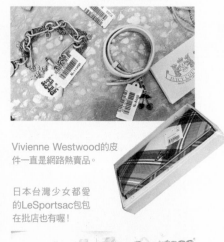

JUICY COUTURE在批店的價格不是很穩定，台灣現在也有專櫃，建議要做好功課再進貨，免得利潤太薄。

Vivienne Westwood的皮件一直是網路熱賣品。

日本台灣少女都愛的LeSportsac包包在批店也有喔！

Longchamp的最大型水餃包，收納起來就像白色那一款一樣，小小方方，批價大約日幣9100。

Ralph Lauren的小馬手提袋（L）約NT$5000，跟線上售價價差約NT$2000。

高價錶

　　大部分有提供精品平行輸入的批店,都會同時提供高價錶的商品,像日本人最愛的CHANEL J12,CHOPARD、ROLEX、BVLGARI、CHARRIOL、OMEGA,甚至PANERAI都有,不過要注意,批店的精品錶不要操作,所謂精品錶就是一般國際精品品牌,例如CHANEL、CD、CARTIER……要挑所謂瑞士高價錶操作才有利潤,ROLEX跟OMEGA是日本人的二大愛牌,尤其是OMEGA在日本批店的價錢相當漂亮,絕對可以帶,總之,要操作高價錶一定得是行家才能操作!

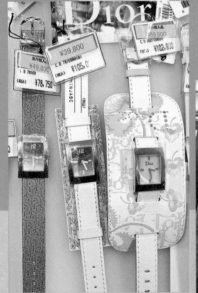

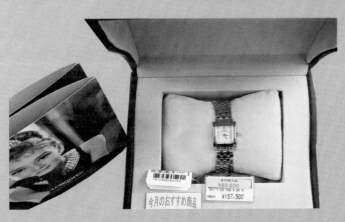

流行服飾、內衣、小物、包包配件

　　這類型產品應該大部分跑單幫店家到日本採購的最大宗品項，以服裝來說，部分批店會有知名品牌的T-shirt，像D&G、Disney、Play Boy等，但這類型產品的款式都是基本款，沒有什麼競爭力，反而其他不知名品牌服裝配件，流行度都跟得上市場，卻只有批店價格，雖然製造地是中國，但日本人對品管相當嚴格，所以做工絕對比五分埔那種批發要來得有質感，因此，固定來日本批服飾的店家並沒有受到韓貨影響。

批店內服裝也會把主打款式全套穿搭在人形model上喔！

卡漫周邊、流行雜貨、小物

　　如果要專攻雜貨的話，日本有些批店專門賣家飾雜貨，從臥室到廚房、衛浴的雜貨通通都有，甚至還有孕婦嬰幼兒相關用品的專門批店，另外許多店家喜歡帶卡通動漫公仔的周邊商品，一般會在路面專門店看到的產品60%批店都找得到，小從手機吊飾、牙刷、包裝袋，大到家電產品、家具一應俱全，因此大部分綜合性批店都會有一個樓層專門販售次類別商品，像SANRIO（三鸝鷗）的HELLO KITTY、Disney系列、芝麻街、SONY旗下的momo熊、可愛的SNOOPY、小丸子，一些公仔娃娃，甚至是小布娃娃（Blyth）在批店都找得到，喜歡玩偶人物商品的賣家絕對逛得直呼過癮，買到欲罷不能，所以千萬要控制預算喔！

〔批貨結帳〕

STEP 1

拿出護照表示結帳，服務人員會帶你到外國人的櫃檯（化妝品類要付現，其他幾乎都可以刷卡）

STEP 2

因為vEr小娜今天的行程還要繼續逛街，所以請批店直接幫我把貨寄回飯店，而且因為購物有達到總金額標準，所以運費就免啦！

STEP 3

填寫寄送資料（切記！飯店名片要隨身攜帶喔！）

STEP 4

可愛的店員正在裝箱vEr小娜剛剛買的貨。

STEP 5

一箱箱的貨都是各賣家的採購心血，正準備統一寄送。

STEP 6

隔天vEr小娜收到的批店包裹，就是會幫你包裝成這個樣子送到飯店喔！

當你盡情採購上述各類商品，補充完所需的物件後，就要進行結帳步驟。在日本批店結帳，會區分本國人與外國人櫃檯，如果你搞不清楚也無妨，只要結帳時亮出可愛的中華民國護照，店員都會告訴你正確的結帳櫃檯。

結帳時要先出示批卡，如果你們是好幾個人共用同一張批卡，但想要把錢分開來算，只要預先告知店員，她們就會幫你分開結帳。帳款結清後，批店的人員會問你們要不要幫忙寄送，如果決定輕輕鬆鬆前進下一站，就可以告知店員要寄送的地址，此時店員會請你填寫托運單，並告知是否還需要額外支付宅配費用，一切手續辦妥後，批店的人員就會開始裝箱你的商品，隔日送達你的指定地址。

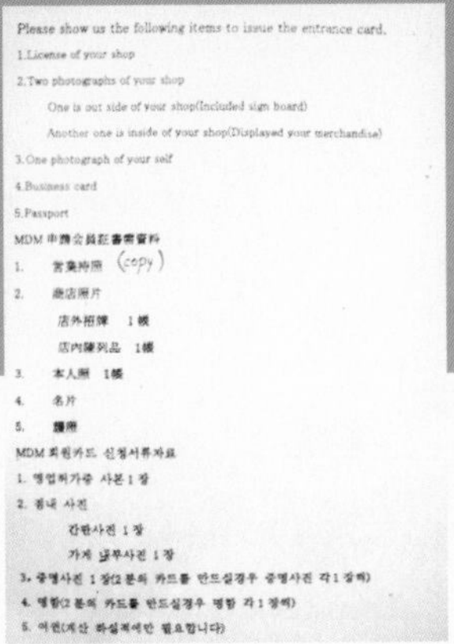

〔傳説中的批卡怎麼申請〕

　　雖然各家批店申請表格不盡相同，但要準備的文件大同小異，前面就提醒過大家，日本的批店是專門服務有實際店面營運的店家，因此在文件準備上就必須提供營運相關照片，詳細說明如下：

1.營利事業登記證（影本即可）

2.店家名片

3.商店照片：包括 a.外觀 b.店招 c.店內陳列照各1張，總共3張；
　　要注意名片上的店名、照片上的招牌名要一樣喔。

4.負責人照片2張

5.負責人護照

　　雖然負責人不用親自赴日辦理，但其他文件可是少一樣都不行，有的批卡要等幾天才辦得下來，所以建議可以網路先申請填寫表格，文件證明到日本時再現場繳交。

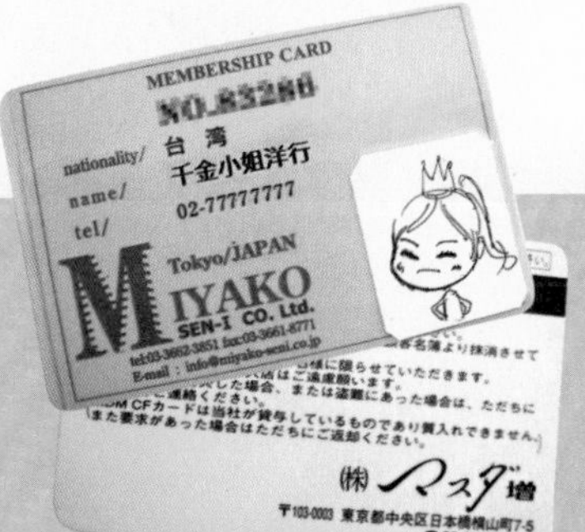

Chapter 4
沒有批卡也能批貨

看完批店介紹後，相信很多人一定捶胸頓足，原來批卡不是隨便就可以辦到的。
不過沒關係，在這個單元，vEr小娜要鄭重跟大家介紹：
不用批卡也能買到批卡價的進貨門路－日本二大折扣季以及福袋！
只要把握這個關鍵時間，你一樣能夠交出一張漂亮的批貨成績單！

4-1

日本年度二大瘋狂下殺折扣季

折扣季商機

Bargain Sale一年僅此二檔，逾時不候！

　　日本的年度折扣季對他們來說，大概是僅次於天皇生日或者皇太子妃生子的大事！相較於台灣的折扣文化，除了每年春、秋的換季折扣，其他時間最讓人瘋狂的，就是年底的百貨公司週年慶，並沒有明顯的折扣季。但是日本的生態卻非如此，去過的人都知道，在日本是全年無折扣、不能殺價，也不流行巧立名目：封館特賣、改裝特賣等折扣方式，所以想要撿便宜就只能把握冬、夏季二檔折扣！這樣特殊的生態，造就了每年二次的換季折扣變成全民＋觀光客的血拚運動，許多明星藝人或造型師也都會趁這個時間點去大肆採購添行頭，這樣的盛況，保證讓人大開眼界！

折扣二階段，折數超大方！

　　說日本折扣季是全民運動真的一點都不超過，因為他們的折扣品項範圍不像台灣只限於流行時尚業跟百貨公司，日本的折扣季範圍還包括藥妝店，3C電器、百貨公司美食街、地下街都共襄盛舉。

　　因為全年無折扣的關係，再加上折扣季為期也只有1個月左右，所以不像台灣下折扣地龜速磨人，日本折扣季會分二階段進行：第一階段FIRST SALE，大概在折扣開打前10天～15左右，折數約從7～5折開始（冬季折扣時會下殺比較多）；接下來就進入第二階段FINAL SALE，折扣馬上進入5～3折的失心瘋階段。也難怪每逢日本折扣季，雖然都遇上台灣的旅遊旺季，大家還是拚了命出國去搶，深怕跑慢了人生會多了一個遺憾！

來自英國的人氣品牌Accessorize從新年開始就不手軟的打到5折。

DazzliN' DazzlE從1月2日開始就已經推出新臺幣不到$600的花車商品。

日本折扣季

折扣數＼折扣季時間		夏季折扣 每年6月	冬季折扣 每年1月	備註
折扣	第一階段 FIRST SALE	**7～5折**		冬季折扣適逢日本新年期間，各家品牌還會將特殊限定商品裝在紀念版購物袋裡變成福袋，下殺的折數也會比較多。
	第二階段 FINAL SALE	**5～3折**		

Vivienne Westwood的襪子一直是人氣必buy商品。

　　當然還是有些品牌並不會加入折扣季行列，折扣期間走在街上，大部分的店家都是擠滿人潮，某些人氣品牌甚至需要管制分批進入，如果你發現某些店面「很冷靜」，通常就是該品牌沒有下折扣、整年單一價，vEr小娜的愛牌藍標BURBERRY BLUE LABEL就是其中之一，但也因為這樣，所以藍標自始至終都仍然保有她的批貨價值。

百貨公司新年期間折扣活動。

〔成功搶灘折扣季〕

Jolin每到日本必逛的ALTA STUDIO。

　　為了讓折扣季作戰大成功，vEr小娜幫大家分成四種等級採購戰區，這代表商品搶購一空或斷貨的先後次序，如果你已經有鎖定的品牌，出發前就要把有販售這幾個品牌的百貨公司以及路面店資料先整理出來，這些點就是你的主要採購路線，然後再根據區域的戰況情節安排先後次序，這樣保證不會在折扣季錯失心中的夢幻單品而飲恨。

路線挑選及戰區分析

⊙新戰區：　　每年新開的人氣商場或路面店一定要特別注意！在2008年就新開幕了ISETAN GIRL概念館、涉谷JILL by JILL STUART、銀座以及表參道路面店。

⊙一級戰區：　涉谷109、新宿ALTA、原宿人氣品牌的路面專門店。

⊙二級戰區：　原宿Laforet、各大百貨公司（伊勢丹、PARCO……）、新宿路面店。

⊙三級戰區：　一、二級戰區以外的路面店（代官山、銀座……）。

⊙其他戰區：　藥妝店、地下街。這二種店面是幾乎每天都會經過的店家，所以可隨時機動性調整採購。

　　ISETAN GIRL 08年9月才開館，簡稱IT GIRL，代表一種混搭甜美個性風格，位於新宿伊勢丹百貨B2，強調ONE STOP SHOPPING，同時將可以假日約會、上班上學、IT GIRL混搭風以及私人服飾配件等概念混合在同一賣場，裡頭的品牌同時兼顧HIGH&LOW，最重要的是，代表VIVI model成熟甜美風的品牌，在這裡起碼找得到10個品牌，如果你是VIVI雜誌的fans，就一定要來IT GIRL！

IT GIRL SHOP LIST

dolly girl by anna sui ¥1995

IT GIRL	Debbie by FREE、S SHOP、rich、deicy、blondy、WR.、kaiLani、Betsey Johnson
WEEKENDS	Marc by Marc Jacobs、SEE BY CHLOE、JILL STUART、BURBERRY BLUE、LABEL、DOLLY GIRL BY ANNA SUI
PRIVITE	GFGF by PEACH JOHN、BARBIE、CLASKY、LONE LONE by blondy、Raffia
CAMPUS	Moussy、SLY、CECIL LINC、BARBIE、charlotte ronson

不可不知的折扣季15件事：

折扣季不適合當旅伴的5種人

➜ 不耐逛街，走路又很會「厂牙」的朋友。

➜ 生性嬌貴，需要別人常常回頭注意的朋友。

➜ 太愛買、自己又提不動的朋友。

➜ 買東西時，老是要別人出主意的朋友。

➜ 動作拖拖拉拉，老是慢半拍的朋友。

折扣季搶貨必失敗的5種錯

➜ 因為猶豫不決，再走回去就完售！

➜ 因為和朋友一起去，先陪她去買，最後自己喜歡品牌的東西都沒了。

➜ 因為看到什麼都想要，沒有先設定預算，最後幾天都沒錢吃飯了。

➜ 因為沒有記住品牌樓層，等找到店家時都已經沒好東西了。

➜ 因為怕衣服不合身，結果排隊試穿花太久時間，最後也沒買到想要的東西。

折扣季必勝的5大原則

➜ 舉棋不定的衣服就放棄，不要浪費時間！

➜ 很有把握的衣服尺寸就不要試穿！(各家牌子版子不相同喔)

➜ 經典人氣紅牌LIZ LISA、CECIL McBEE的福袋或是TIME SALE，買了準沒錯。

➜ 走進店家眼觀八方，看到限定品、完售再入荷等指示牌就可以趕快搶。

➜ 建議2人以上同行，大家可以輪流排收銀機跟顧包包，節省時間。

　　另外，出發前提醒大家不要穿跟太高太細、容易鬆脫的鞋子，再漂亮也把它扔在家裡吧；盡量減少裝備，讓自己體積小一點，這樣才能在店內人潮隨意穿梭，也就是説包包不要太大！如果有拉行李箱，就把行李箱放在店門口吧！

vEr小娜
碎碎念

　　在折扣期間,相較於一、二級戰區,三級戰區簡直人煙稀少,vEr小娜超推薦此時到代官山、下北澤等地方逛逛,這裡一樣有知名品牌的路面店,同樣也折扣,少了人潮,可以慢慢逛、慢慢試穿。但如果你是有任務在身的賣家,還是要先把一級戰區掃完喔!

　　此外,由於折扣季期間整個東京到處都是人擠人,比較有效率的掃貨動線,就是鎖定品牌後,從品項集中的購物中心或百貨公司開始,把路面店用來做為補充單品的次要路線,因此流行口味明顯的幾個重鎮,包括新宿的ALTA STUDIO、涉谷的109、原宿的Laforet,都要先安排在行程裡,接下來就可以挑選1～2家百貨公司的特賣時間趕場,最後才是路面店,而路面店的激戰程度順序是:1.原宿、2.涉谷、3.新宿、4.代官山。vEr

折扣期間一級戰區的人潮,隨時都在衝人浪。

代官山的LOWRY'S FARM一樣有折扣,但逛起來舒服多了。

相較於一級戰區的擁擠吵雜,代官山顯得相當冷靜。

萬一沒有搶到福袋也沒關係，LIZ LISA折扣期間也會推出特價組合商品。

冬季折扣

⊙折扣時間：每年1月為主（12月底～2月初）

⊙黃金帶貨期：1月第一週～第二週貨品size最齊全。

⊙優惠商機：FIRST SALE約在1月中之前，幾乎全面5折，部分商品特價或3折；FINAL SALE 約在1月中～2月初，幾乎已全面下到3折～1折。

⊙折扣情報：各大百貨公司及重要購物中心，在折扣季開始前半個月左右，就會將正確日期公布於官網，每年折扣的日期都會不太一樣，要隨時注意官網消息。

行前規畫

⊙如果要搶福袋，1月2日就要出發（要搶109行李箱人氣福袋，1月1日就要出發，準備凌晨排隊）。

⊙如果不搶福袋，可以1月10日～15日以後出發。

　　冬季折扣雖然以1月為主，但通常12月底就開始第一檔FIRST SALE，建議11月中就要開始規畫出發時間，因為冬季折扣這段時間剛好遇上聖誕節與日本國內新年黃金連假，旅費都會調漲，所以提早規畫才能有好航班跟飯店；雖然出發時間拖得愈晚折扣數愈低，但vEr小娜的經驗是，到時一定沒貨了！因為日本的尺寸本來就少，很多款式賣完再補貨得看運氣，所以太晚加入戰局，許多人氣品牌都已經換春裝，就算還有折扣商品也多半已經斷貨，敗興而歸的風險也不能不考慮。

　　對台灣的賣家來說，冬季折扣採購可不是件輕鬆的事情，要能頂著刺骨寒風一大清早在各大折扣戰場門口排隊，還要能忍耐穿著羽絨衣在有暖氣的室內揮汗血拚，背著大包小包購物袋在萬頭鑽動的街頭衝人浪，如果說用打仗來形容這場折扣季盛況還真的一點都不誇張。

必買清單

⊙ 靴子

建議可買基本款或當季流行款,國內只要是日系流行品牌的長靴,售價至少都4980~8000元之間,日本折扣季時往往可以撿到3~5折的超低價,腳大(L號=24號以上)跟腳小(S號=22.5號)的比較不容易斷貨。

⊙ 風衣、外套

熟悉日本衣服版子的人一定知道,日本的大衣版型超美、超合身,流行品牌在台灣隨便一件要價NT$10000是很正常的,所以絕對要趁這時候撿便宜;甚至許多非知名品牌的風衣也都可以帶,平均一件大概NT$2500元就可以入手了,有預算的話,可以下重本,多帶幾件。

⊙ one piece 洋裝

日本洋裝的版子也是出了名的漂亮,都是百搭經典款,而且冬天的洋裝多的是千金名媛日系美少女款。

⊙ 配件

各種襪子:有色褲襪、厚磅數襪、圍巾、手套、帽子,可以買基本款,也可以買當季流行款,都有行情。

採購注意事項

冬天的東京平均氣溫大概只有6度,如果你以為天氣冷大家的購物欲望會下降,那你就錯了,批上圍巾大外套、戴上帽子跟耳罩,再低的溫度也擋不住每天衝進百貨公司、涉谷109與Laforet的人潮。

由於台灣跟日本的地理位置不同,所以日本換春裝的時節對台灣來說還太早了,若改用氣溫來定義季節的話,兩地約莫有2個月的季節差。也就是說每年1月,日本雖然已經進入冬天換季清倉的時候,但在台灣的溫度,仍停留在寒冷的冬天,所以這個時間在日本搶到的冬季折扣品,回到台灣販售還可以成為「當季正品」,無論賣掉或自己穿,大概都還可以維持新品價值到3、4月份。如果你又是以好脫手的知名品牌入手,在價格、實穿度或者流行感三方面,都相當划算。

LOWRYS FARM的裸靴折扣後¥4095。

↓LOWRYS FARM的漆皮娃娃鞋折扣後¥1995。

Dazzlin' DazzlE這件白色娃娃裝毛呢大衣,原價¥12800,1月初就已經折扣到¥7800。

Special Price ALL ¥1995

A.V.V.洋裝。

→LOWRYS FARM漆皮靴折扣後約NT$1000元。

LOWRYS FARM桃紅圍巾。

LOWRYS FARM的鵝黃色超長圍巾折扣後合格不到$300元。

一件連身洋裝再搭配長版風衣,最後配上長筒靴,就是無敵日系超人氣裝扮,而且加起來有可能才NT$4000大洋,冬季折扣真的是超級適合大開殺戒也!

vEr小娜碎碎念

　　雖然冬季折扣很適合搶毛衣、大衣、外套之類的商品，但vEr小娜在第一本書裡也提醒過大家，中南部的朋友可能會無用武之地，就算撿到便宜也穿不了太久，因為天氣真的沒那麼冷，所以要去帶貨之前可要先衡量一下喔！不過若是遇到材質較單薄的折扣品，還是可以考慮下手，因為可以當成春裝來銷售，一樣可以節省進貨成本。 vEr

夏季折扣

⊙ 折扣時間：7月為主（6月底～8月初）

⊙ 黃金帶貨期：7月中

⊙ 優惠商機：FIRST SALE約在7月中之前，折扣約8折，少數才有5折；FINAL
SALE約在7月中～8月初，折扣約下到3～5折。

⊙ 折扣情報：夏季折扣的戰況其實沒有冬季那麼激烈，各大百貨公司及重要
購物中心正確折扣日期均會在半個月前於官網公布。

Shinbuya109折
扣季時都會出限
定單品目錄。

行前規畫

　　每年開春的冬季折扣結束後，大家就要眼巴巴的從1月一直等到暑假的夏
季折扣了，大體來說夏季折扣的檔次結構與冬季折扣是接近的，不過這個時間
點剛好遇上暑假，通常7月以後機票跟飯店的費用都會狂漲，建議可以提早一
個半月規畫出發時間，若預算有限要撿便宜，vEr小娜的建議是選擇好航班（早
去晚回），放棄location好的飯店（距離JR車站較近），通常網路上還是會有一
些搭配較不方便區域飯店的促銷自由行套裝，最常見的就是新宿華盛頓飯店的
package，如果能配到早上9點多的航班出去，就不要太堅持一定要選走路走的
少的飯店啦，因為暑假旺季有可能一差就是NT$5000元的價差喔！

　　建議大家可以在6月初時問一下熟識的旅行社，今年暑假調漲的區間大概會
是幾月幾號之後，這樣可以幫助你先安排假期，有時出發時間差一天，價格可能
就差十萬八千里，千萬不要小看旺季加價的荷包失血度喔！

112

9月號VIVI
報導人氣靴
款。

必買清單

相較於冬季的必買基本單品,夏季商品流行感會比較重,vEr小娜建議還是從人氣品牌下手,除了當季流行的款式外,記得趁這個時候買一些也適合秋天穿的單品、基本款。

⊙ 單寧褲

moussy、rienda、VENCE是SHIBUYA 109最具指標性的三大美腿牛仔褲品牌,能穿得上這些品牌的女生就代表一個字--瘦,夏季折扣期間記得帶幾件回來,很搶手喔!

⊙ 性感高跟鞋

小惡魔品牌venti-anni、Jolin的愛牌ESPERANZA、FLAG─J、R&E的鞋子都是必敗品,無論是涼鞋或是靴子,這些牌子都有許多可愛成熟風的鞋款喔。

venti-anni
麂皮流蘇羅
馬高涼鞋。

⊙ 內衣、小可愛

來日本沒帶內衣的人絕對是傻子,之前vEr小娜就說過,台灣的內衣廣告是一拍內衣的model很美,內衣產品一點都不美;日本則是model美,內衣更美!而且日系的內衣肩帶、胸口、背後全都有特別設計,可以搭配外衣。其中像Ravijour、Lagunamoon、peach john的內衣人氣居高不下,是折扣季一定要帶的單品,而且可愛跟性感風的都要喔。

可愛的果凍鞋打
折後才￥1000,
這個一年四季其
實都可以穿啦,下
雨天也不怕喔!

vEr小娜買了這個￥3900,裡頭有一件洋裝、一件上衣,還有一個小花戒指,另外還有鯊魚夾跟標準的pink購物袋喔!

採購注意事項

夏季折扣出發前,台灣的日文原版雜誌8、9月號已經出刊,建議要先做功課,了解秋天流行的款式或雜誌中重要採購訊息,尤其是賣場或品牌推出的限定、限量款,vEr小娜建議大家可以順便帶回來。因為通常日本這個時期上的新品,等台灣真正上秋裝時,在日本早就斷貨了,要等到再入荷商品就得碰運氣了。

當然,折扣季並不是只能買折扣商品,許多早秋上市的新品,若有不錯款式且是日系知名品牌也可以先下手,就算當季沒賣完也不用擔心,因為在台灣許多店家還會將沒銷售完的秋裝,當成隔年的早春的春裝來銷售。因為以實穿度來說,秋裝與春裝的確有些共同之處;而以流行度來說,也多半是會延續上一季的元素,所以大家下手時不用太擔心啦。而在夏季折扣期間,運氣好的話也會遇上店家推出福袋(Happy Bag),通常在一級戰區的人氣品牌較容易遇到,建議不用想太多,買起來就對了,好康程度絕對讓你尖叫連連!

LIZ LISA的夏天福
袋,有海灘巾、游
泳圈、比基尼。

HaNjiRo的服裝風格都很日系casual。

這件長版連身外套可以當裙子，原價日幣1980，5折後台幣只要$300元喔！

全年有折 HaNjiRo

HaNjiRo位於明治通laforet斜對面，GAP隔壁棟YM SQUARE的3F、4F，這裡的服飾配件是男女到小孩都有，不分春夏秋冬，這裡的服裝一年四季通通都有折扣。HaNjiRo是一個專賣古著風的賣場，style就是像PS、Zipper、spring雜誌的風格，有點休閒、街頭，還細分有美系、日系跟歐系喔！因為古著風的style比較沒有強烈流行性，所以這裡的品項幾乎沒有太明顯季節性的問題，所以如果你想要在夏天折扣季時順便買便宜秋冬裝，這裡保證讓你滿意，不會空手而回。

HaNjiRo的購物袋很可愛。

夏季折扣從5折到7折。

Summer Sale
春夏物
50%~30% OFF!!

在台灣中南部的朋友也請注意，雖然你們在冬季折扣撿不到便宜，但夏季折扣就是你們的快樂時光啦！因為11月以前，中南部的夏天跟秋天其實沒有太大差別，所以正好可以利用折扣期間撿便宜，款式挑得好，可以從7月一直賣到10月都不是問題，保證回本很快。vEr

B2F
Bumble
FACE AWARD
NAVANA
rienda
LIP SERVICE
SLY
SpiralGirl
ValenTine's High
SAMANTHA SILVA by
Laguna Moon

B1F
BLUE
CHIC
ESPERANZA
LOVE BOAT
me jane
R&E
SHAGADELIC
Sneep Dip
VENCE
Voeux
2°Regina
MITSUMARU SHINE BE
MODEL
MITSUMARU Laughin'
MIHATO

1F
POOL SIDEALBUM
SamanthaVega
MITSUMARU HEAVEN and
Earth
MITSUMARU Allamanda
MITSUMARU Layla Rose
Dizzy
SamanthaTiara
PLAZA

2F
V.V.P.VISALIA
CRYX
CECIL McBEE
DOLCE ROSA
Pinky Girls

FLAG-J
REVROSSA CLARITY

3F
agent GOLD 81
LB-03
GALET'S
XOXO
SHAKE SHAKE
Cizare
DAYS OF FREEDOM
Honey Bunch
perfumery BRANCHE
PEACH JOHN
HEADSTAR　帽子
Beaute Danser
Miel Crishunant

4F
EGOIST
FKJ
JSG
SpRay
SWORD FISH
tutuHA
DELYLE
Barak
BUMBLE BEE
baby Shoop
MACERS
RAFF & FREE
LOVE GIRLS MARKET
RE DARK

5F
CHIARA
DURAS
GALSVILLE
L.D.S.
MAJORENA
moussy
RODEO CROWNS
ROJITA
TRALALA

6F
aria fresca

Ober Tashe
Ji-maxx
janela
MANA
mimily
Ruvap
Ravijour
REVIVE
ROSE FAN FAN
one spo

7F
GILFY
GLAD NEWS
Cameronrac'y
GOLDS infinity
charmant
DazzliN'
titty&Co.
Twisty
BACKS
PEAK&PINE
Bless Tokyo

4-2

小資本大翻身的人氣福袋

傳說中的日本福袋

5Days Bargain!一年僅此1檔的新年福袋

福袋這玩意其實源自於日本,是起始於明治時代的東京百貨公司,於每年新年期間(1月1日)發售,其實福袋就是取諧音「把福氣帶走」的意思,有點類似新年日本人要去神社參拜祈福的意味,希望藉由買福袋的方式,祈求來年帶來更多福氣,雖然這個行為怎麼看都知道是日本商家噱頭十足的新年促銷手法,但這個不成文的規定已經變成現在日本新年期間最重要的大件事了!

台灣流行事物上向來與日本密不可分,福袋風也如大家所預期,燒到了國內。每年農曆新年,全省各大百貨公司就會推出陣容堅強的新春福袋和抽獎活動,年年下手愈來愈重,希望創造買氣吸引民眾搶購,而從每年不斷增加漏夜排隊的民眾人數來看,應該真的是物超所值,吸引力自然銳不可擋,是值得花時間跟體力投資。

日本新年期間,街上到處都是人,vEr小娜特地拍了一張表參道上的萬頭鑽動照,讓大家身歷其境。

台灣福袋VS日本福袋

　　雖然都是福袋,很多人還是好奇日本福袋跟台灣福袋有何不同?傳說中的日本福袋到底為何鼎鼎大名,讓許多人顧不得聖誕、跨年假期間旅費漲價的問題,還是要拚了命的飛到東京搶購。根據vEr小娜的觀察,只要曾經參與過新年期間搶福袋的人,隔年絕對還會想要再去一次!接著就將台灣福袋和日本福袋簡單做個說明,大家就會了解其中差別了!

	台灣 Taiwan	日本 Japan
搶購時間	每年農曆初一開始，約1～8天不等。	⊙國曆新年1/2～1/5連休期間約3～5天，若合併冬季折扣，各家品牌會有瘋狂5Days折扣。（1/1大部分商家都休息） ⊙夏季折扣時也會推出福袋，但不像新年時那麼多。
福袋販售	各大百貨公司	百貨公司、購物中心專櫃、知名outlet、地下街、超市、咖啡店、電器用品店以及一般路面店。
福袋特色	精品的福袋數量雖少，但都超高檔。	⊙日本的福袋、福箱（即福袋的行李箱版）都是品牌特製的有造型購物袋，可當單品使用。 ⊙會將當季最暢銷單品組合在福袋，等於買到超低折扣的人氣商品，甚至會放非賣品，讓暢銷斷貨商品大復活。
福袋屬性	⊙百貨公司開門吉祥福袋，每年排隊搶購最兇的，內容五花八門都有）。 ⊙彩妝保養精品專櫃福袋，類似週年慶商品。 ⊙百貨公司各樓層福袋。	⊙百貨公司開門吉祥福袋，以服飾品牌最多。 ⊙SHIBUYA 109各品牌福袋、福箱，是日本妹排隊排最兇的。 ⊙百貨公司各樓層福袋。 ⊙一般店家福袋。
福袋售價	NT$300～3000不等 （每天限量，售完為止）。	¥1000～¥10000等級最常見 （每家品牌各自限量，售完為止）。

凌晨時間，地鐵站連接109的地下入口已經聚滿排福袋的人潮。

早上9點，隊伍開始移動，已經走到1F入口的人超開心。

	台灣 Taiwan	日本 Japan
遊戲規則	⊙百貨公司提供新春樂透抽獎概念，會先公布「獎項」。必須統一排隊抽號碼牌。 ⊙售價不同等級的福袋禮物價值也不同，雖然福袋禮目前最高價值可到百萬名車，不過並不是所有福袋禮的價值都會高於福袋售價，比較像是抽獎碰運氣。	⊙品牌推出同名超值禮物袋概念。 ⊙共分三種玩法： A.完全不知裡頭內含物。 B.知道一定有某件該品牌暢銷超值品。 C.完全透明化告知你組合內容。
搭配優惠	消費福袋滿NT$2000～6000不等，可參加滿額抽獎活動。	優惠各異，有在福袋裡直接放現金券，也有可以集點滿額再送。（搶福袋其間正值冬季折扣，所以還會碰到店家舉辦TIME SALE，就是固定時間提供可能到（1折的超低折扣優惠。）
福袋內容	⊙要視百貨公司屬性，例：微風廣場、台北101MALL多半以精品為號召；遠東百貨常以大小型家電用品為主；新光三越會有精品和保養彩妝品福袋。 ⊙基本上每年福袋內容都有變化，但知名服飾品牌幾乎不在福袋範圍。	⊙台灣有的種類日本都有，最搶手的還是109的人氣品牌福袋，因為會有限定商品，甚至該品牌當季暢銷單品，所以每年都造成大轟動。 ⊙流行服飾：櫃內所有商品、配件都會變成福袋內容。 ⊙保養彩妝香水：購物中心（例：ALTA、涉谷109）會推出各種超值組合，勝過百貨公司週年慶組合。 ⊙電器行：電源線、光碟、清潔用品、相機套等。 ⊙超市：不一定，通常是零食餅乾、即飲品等種類。
滿意度	30～50%	一般品牌65%；知名品牌85%。
搶購撇步	傳說凌晨3點去排隊是最佳時機也最容易中獎。	集中火力主攻去年雜誌報導TOP10搶手品牌福袋。如果你發狠要搶109的人氣福袋，你可以從1/1半夜開始排隊！

各家櫃位店員無不使出渾身解數迎接這些排隊至少6小時的福袋迷啊！

SAMANTHA THAVASA的福袋，從5000 amonavis的日幣1千元福袋。
日幣到2萬日幣都有。

DISNEY 寵物用品的福袋。　　　　　　　BODY SHOP的身體用品福袋。

vEr小娜
碎碎念

　　vEr小娜也曾經漏夜排隊搶過台灣知名百貨公司的福袋，只能說本人沒
有偏財運，拿到的福袋禮跟信用卡辦卡禮沒二樣>_<，跟幾個精打細算的朋
友討論後，個人誠心建議，每年收到百貨公司寄來的福袋DM後，先看看你
認為最沒價值的福袋禮有沒有超過10項，那10項禮物萬一抽到你嘔不嘔，
如果還可接受的話，那就去排吧，反正過年期間電視也不好看，但如果你那
些禮物都讓你嫌棄的話，就不用浪費時間啦！vEr

全是一線品牌，絕不錯買！

　　看完上面的比較，相信有排過台灣跟日本福袋經驗的人都心有戚戚焉，簡單來說，台灣福袋的操作方式因為還是以整體百貨公司為主，為了顧及整體業績，所以很容易拿到不相干的東西，好像你在微風廣場排隊卻拿到了家樂福的商品，又好像你明明在2F少淑女服飾買東西，怎麼卻買到了樓下B1超市的廚具用品，那種哭笑不得的心情，只有親身參與過的人可以體會。

　　但日本每年讓行家搶破頭的卻不是百貨公司的福袋，而是各流行服飾品牌推出的福袋，所有ViVi、Cawaii、POPTEEN……流行雜誌上的人氣品牌幾乎都加入這場戰局，而且絕不只是宣傳手法耍噱頭，LIZ LISA、moussy、LDS、LIP SERVICE、Ros Fan Fan、Jolly Boutique、PEACH JOHN、ValenTine's High……這些你每次赴日本都想通通打包帶回來，卻又擔心荷包萬劫不復的宇宙無敵失血品牌，通通都會推出名符其實所謂「HAPPY BAG」的福袋，只怕你不買，不怕你錯買，只要花台幣$3000元左右，你就可以帶走至少5件至多10幾件，總價值超過成本5～10倍，裝滿整包都是你心愛品牌服飾配件的福袋！

　　此外，由於這二年台灣已經把福袋這名詞濫用，造成消費者誤解，以為很多不知名商品塞成一大包就叫做福袋，這樣的誤導已經造成許多販售正宗日本福袋的賣家在銷售上會遇到瓶頸，不但溝通非常瑣碎，最後也降低福袋應有利潤，所以vEr小娜才建議賣家把照片及說明附上，甚至拆開重新組合，告知品牌及新年限定商品也是一種行銷操作上的方式。

福袋結構與利潤

　　一般日本福袋售價以￥1050、￥3150、￥5250、￥10500四種等級最常見，有時也會出現3900￥等非整數的售價，且標示的售價都是「已含稅」。

	B級福袋		A級福袋	
價售	1050円～3150円	3150円～5250円	5250円～10500円以上	
值價	內容物比售價高出3～5倍的價值。			
牌品	較無知名度品牌	人氣品牌占50%	幾乎都是人氣搶手品牌	
內容物（尺寸&顏色）	上一季商品較多，當季商品較少。 內搭衣+上身衣服數件+下身裙褲數件。	當季商品較多,上季商品較少。 內搭衣+外搭衣+上身衣服數件+下身裙褲數件+配件。	當季商品為主。 內搭衣+上身衣服數件+下身裙褲數件+配件+外套。	當季商品為主。 內搭衣+上身衣服數件+下身裙褲數件+配件+外套+洋裝+配件+鞋子。
	⊙另有配件包括：皮帶、首飾、各種鞋子、髮飾、手錶、帽子、小包包等。 ⊙有些品牌會把福袋尺寸分S、M、L，這樣可以減少挑選錯誤的風險。 ⊙一般來說下半身及鞋子不合尺寸的機率較大。 ⊙顏色也無法掌控，必須了解該品牌過去單品的特色。			
包福裝袋	福袋內容裝在限定購物袋。	福袋內容裝在限定購物袋或環保包。	福袋內容裝在限量大包包內。	福袋內容裝在限量行李箱內。
	25%～50%		**50%～100%**	
利潤	¥5000以下的福袋不建議整包賣，若整包賣，建議要告知福袋內容並附照片。 可以拆開來挑選有利單品重新組合，較無競爭力單品若單價低，可成為販售其他單品的附贈禮物。		整包賣或拆開賣都可，仍然建議附上照片並說明內容。	

日幣3000元的B級福袋，裡頭有10件衣服，其中好幾件是可愛連身裙喔！

2008年109人氣天牌CECIL McBEE的福袋一只10500円，內含7件單品，原創Sweet Pink圓點福袋裡面將包含Knit、針織衣物、褲裝等豪華商品，而福袋裡的商品相當於日幣4～5萬日幣，果真物超所值！拚命也要一搶！

達人搶購福袋實戰

　　如果你已經下定決心要在日本新年時候去東京大開殺戒搶福袋，不要急，出發前有許多準備工作要準備，這些都是為了提高你的戰鬥力，並增加你成功搶到A級福袋的沙盤演練，不要傻傻以為福袋清一色都是包起來，看不見也聞不著，所以只好憑運氣囉！NoNoNo～因為還是有許多小撇步可以幫助大家挑選到價值較高的福袋！

搶福袋行程規畫

福袋新生請注意，一級戰區SHIBUYA109絕對是首選！

➜ 在JR地鐵圖上圈出你的主戰場

　　安排行程時請拿著地鐵圖逐天安排，建議先把你要搶福袋的品牌路面店及購物中心所在地鐵站圈出來，被畫圈起來的JR站愈多，那裡就是你的一級戰區，以此類推，把你的三級戰區都圈出來好機動性調整行程目的地，並規畫每一個戰區要花多久時間。

　　注意雜誌推薦大人氣登場新品牌店鋪位置，必須也將她放入戰場，這是很重要的商機，表示該品牌是第一次推出福袋，像2008年大紅的 Cher，Paris代言的Honey Bunch，新宿伊勢丹百貨新開的ISETAN GIRL…都是要特別注意的品牌與店鋪。

➜ 福袋行程務必排成每日第一站

　　搶福袋黃金時間為每天一大早商店開門前（約AM10：00），如果有打算搶超人氣福袋卻又沒勇氣漏夜排隊，可以試試大清早出發，差不多是要去築地吃生魚片的時間（約5點出門）。因為正值冬天，清晨出發狠冷的，記得多帶幾個暖暖包跟口罩免得感冒。

➜ 一級戰區福袋行程上半天，折扣之旅下半天

　　不管是到109、ALTA或是Laforet搶福袋，通常都是邊買福袋邊找折扣品，半天下來應該是已經提不動了，所以vEr小娜個人的經驗是半天就可以先回飯店，把東西放下來，吃個中飯再繼續，以此類推。

➜ 每天分開掃貨

　　因為人氣較夯的福袋均是每天開門後就被搶購一空，所以不建議集中一天跑遍各大購物中心找福袋，反而只會浪費時間。

一級戰區~原宿Laforet。

包贏！搶福袋作戰準備～
要出發前記得一定要有「福袋雙寶」～
便宜行李箱＋指甲刀！

如果有備而來搶福袋跟折扣商品，建議多帶一個帆布中、小型行李箱，可以把戰利品全都塞進去，因為福袋本身蠻重的，多提幾個就吃不消了；另外，有些福袋會用塑膠鍊帶封口，建議隨身攜帶指甲刀（因為剪刀不能帶上飛機）或到日本後再買，就可以馬上知道福袋的內容物如何，萬一不優，馬上跟別人交換，萬一超值到爆血管，就要趕快衝回去再搶幾個。

如果沒有這種行李箱，可以第一天晚上到 COMME CA STORE（新宿3-26-6）買一個，黑色系列－S￥1800、M￥2200、L￥2400，這種行李箱很輕便，折扣期間或搶福袋時你都可以拉著她。

S ￥1,800
M ￥2,200
L ￥2,400

新年期間一級戰區每一樓層大概都是這樣的擁擠。

挑選福袋的注意事項

➜ 掌握福袋情報

出發前記得要把所有福袋、折扣情報整理列印隨身攜帶,內容包括:

1、去年109人氣福袋銷售排行榜名單

109絕對是搶福袋的第一目標,2008年SHIBUYA109人氣福袋銷售排行榜一

CAWAII雜誌公布109人氣福袋TOP5

TOP1　CECIL MACBEE,限量1600個

TOP2　TRALALA 限量,500個

TOP3　ROSEFANFAN,限定500個

TOP4　SLY,限定280個

TOP5　MIZELVA,限定100個

　　其他,moussy、ValenTine's High、LIZ LISA、LIP SERVICE、JSG等27個牌子因為都提供了限定發售的專屬背袋還有人氣商品,所以也都銷售一空啦。

2、熟記各戰區主攻品牌的分布樓層

　　不要忘記了,福袋是限量的,日本人說限量就是限量,絕不誆你,再加上這個時間又有冬季折扣,賣場裡到處都是萬頭鑽動,有時太熱門品牌的店家連門口的招牌都擠到快看不到了,想要節省瞎逛時間就一定要熟記各樓層品牌分布,不然只能一層層順電梯爬上爬下,浪費時間就有可能錯失A級福袋入手的機會喔!

3、年度最新品牌情報

　　去年1月以後才被雜誌大量報導的人氣新品牌是重要指標,這代表剛晉身為一姐的人氣品牌,今年會是首度發表福袋,如果平時偷懶也沒關係,記得11月、12月時要注意Cawaii、POPTEEN、ViVi等雜誌及官網有沒有出現相關情報;如果你連這樣都想偷懶,好吧,vEr小娜大放送一個好消息,就是109已經有了線上版的情報誌,而且還是中文版喔(http://shibuya109press.com/),12月的時候就會搶先報導福袋訊息喔!

⊃ 福袋的價值在品牌

　　最後要再一次提醒大家，選擇福袋的邏輯很簡單，先確認你有多少預算花在買福袋上面，免得一發不可收拾，再來確認你一定要入手的品牌，其他就要碰運氣了，千萬不要因為福袋大包就蠢蠢欲動，因為福袋的價值不在內容物的數量多寡，而是在品牌，品牌人氣愈高，福袋內容物就愈容易脫手換現金。

有時戰況激烈，店家也會自動把部分福袋商品打開展示，不過每一個福袋內容可能都不一樣，所以如果許可的話，當然還是要找機會把福袋偷偷打開來看一下吧！

位於御殿場outlet的配件集合品牌推出的福袋，由於本身就是販售高級皮件及毛呢製品，福袋的內容也就很驚人，偷偷打開後發現有皮手套、毛呢貝蕾帽、圍巾、還有鱷魚壓紋皮件。

福袋博覽會

福袋博覽會當然要介紹眾家福袋內容，讓沒去過的人更清楚怎麼樣規畫搶福袋戰略，但是在講福袋之前，vEr小娜決定先從環境氛圍開始介紹，讓從未在新年時候赴日血拚的人身歷其境，感受一下寒冬中搶到快中風的福袋之旅～

搶購福袋奇景

⊙奇景1

除了百貨公司，像109、Laforet、ALTA這種一級戰區只能用「吵死人」來形容，吵的還不是消費者，是各家店員都會拿出梯子站在門口，用大聲公開始叫賣，偶爾再來個TIME SALE，簡直就像暴動，最後，每家店的店員都妝爆濃，裙子超短，鞋子跟超高……整個非常有fiu，第一次來的人千萬別嚇到。

尤其是TIME SALE時候，你會看到店門口有一個花車，裡頭滿滿是各種單品，價格標示會是超低折扣，或者直接標示單一價，然後一堆日本妹虎視眈眈的圍在旁邊，等待店員一聲令下，然後……大家就像瘋了一樣撲上花車，搶完了，就一哄而散，櫃檯結帳，真的～超恐怖，女人對於看到折扣那種衝動的能量，應該可以讓一台跑車飛出去～（啥～想看照片～哈！怎麼可能拍得到，不要被撞倒踩在地上就偷笑了，哪來得及拍照啊！）

SHIBUYA 109

vEr小娜的朋友在代官山某店家買的福袋內容物之一,沒錯,就是一雙靴子,但這張可不是靴子的沙龍獨照喔,是被遺棄的照片啦,因為朋友懷孕穿不到,又嫌他太重了,所以直接把它扔在代官山的街頭,真是豪氣啊!因為那一袋福袋才¥3000,丟掉一雙鞋子小意思啦!

⊙奇景2

搶福袋期間,你會發現一個奇特現象,路邊到處都是蹲在地上圍成一個小圈圈的日本男女生(不要懷疑,日本男生搶福袋也很殺,畢竟109也有男生館),而且聊天超大聲,不時發出可怕的笑聲,仔細看會發現大家都是剛搶福袋出來,所以在路邊馬上打開一瞧究竟,能試穿的就試穿,不能的就比畫一下,所以聽到笑聲不斷的肯定是拿到很好笑的單品,聽到鶯鶯燕燕尖叫聲的,應該是拿到超搶手的限定單品;有朋友一起去搶福袋的好處就是,萬一奶油桂花手遇到不合適的尺寸或顏色,可以彼此互相交換;在109前面廣場,也到處都是小圈圈,很多日本妹搶到福袋後只要裡面有不中意的衣服,就地在109門口叫賣!

⊙奇景3

因為福袋都是包起來的看不到,所以很多時候會在店家看到大家都變成關西摸骨的大師,因為如果福袋是用軟的袋子裝起來的話,的確可以摸得出來,像鞋子、皮帶、手錶這種單品形狀都很好辨識,而摸厚度可能可以猜得出是否有夾克、羽絨衣、背心等單品,當然,不是所有的店員都很nice不會瞪你啦!

另外,像厚外套、大衣、毛背心、帽子、手錶、鞋子、靴子幾種品項是摸起來比較容易辨識的品項,也是能讓你的福袋價值馬上增值的單品喔!

一級戰區以外的福袋

Echika是表參道站的地下美食街,「a la Campagne」是來自神戶的甜點店,新年期間也推出福袋喔,配合Echika美食區Marche De Metro的異國風情情調,巴黎鐵塔環的Happy Bag裝的是手工餅乾跟店內人氣點心。

Echika屬於Tokyo Metro表參道站的複合式商業空間地下街,完全對準東京時尚女性,其中美食區最令人驚艷,有來自法國的道地麵包「Boulangerie Jean Francois」,因為標榜使用法國產小麥粉、天然酵母、與天然鹽,加上店頭石窯永遠有香噴噴的出爐麵包,因此一開店立刻大排長龍。前面介紹的「a la Campagne」,店外面透明玻璃圓櫃經常陳列著令人流口水的蛋糕,這裡最出名的是使用多種水果製成的綜合水果派和栗子蛋糕。另一家「mamourS」是資生堂Parlour策畫的甜點店,銀座是本店,這裡最推薦添加膠原蛋白和維他命C的美容凍飲「Peach & Peach」,雖然有點小貴,但精緻的高級包裝讓人賞心悅目。

「mamourS」是資生堂Parlour策畫的甜點店。

陣容堅強╳大手筆の109福袋

品牌	福袋／售價	限量	內容物	特色（單品都有可能會不一樣）
CECIL McBEE	福箱 5250¥	600個	6件	袋子分白點點與粉紅點點二版，還多加了毛線球裝飾，非常可愛。
	福袋 10500¥	1600個	7件	羽絨大衣（♥）、騎士外套、連身裙、牛仔褲、毛呢大衣、小可愛、開襟外套、連帽外套、針織衫……
TRALALA	福箱 5250¥	—	6件	⊙裙子、雙排扣外套、化妝包、公主風小背心、蝴蝶結風上衣。
	福袋 10500¥	500個	6件	⊙福箱可以二個疊在一起，嚮往空姐的 style 嗎，二個疊在一起拉，就很像空姊喔！
ROSE FAN FAN	福箱 5250¥	—	8～9件	毛球長版外套（♥）、蛋糕裙、學院風格子迷你裙、英國風襯衫、化妝包…
	福箱 5250¥	500個	9～10件	大浴巾、購物袋、化妝包、骷髏頭T、蛋糕裙、連身裙、毛球長版外套（♥）
SLY	福袋 10500¥	280個	6～8件	限量包包，福袋有分尺寸（S、M、L）裡頭全是其他時間都買不到的限定單品。

CECIL McBEE每年推出的福袋都超搶手，店內都要限制進場人數才不會造成意外！

Rose Fan Fan 的福袋也可以另外當購物袋喔！

品牌	福袋／售價	限量	內容物	特色（單品都有可能會不一樣）
MIZELVA	福袋 10000¥	100個	6件	⊙號稱可以從頭到腳完整造型的福袋還有柏金風的特大包包。 ⊙雙排扣大衣、迷你裙、連身裙、長版上衣、豹紋化妝包、柏金風福袋
LIZ LISA	福袋 5250¥	—	4件	蕾絲風托特包
LIZ LISA	福箱 10500¥	500個	6件	從福箱就是粉紅蕾絲風，仿皮草斗篷、連身裙、晚宴包。
moussy	福袋 10500¥	700個	6～8件	光是福袋本身造型就讓人很想擁有，而內容物更有多件moussy的人氣單品，包括單寧褲（♥）、連身洋裝（♥）、性感小背心……
LIP SERVICE	福袋 5250¥	—	4件	波士頓包造型
LIP SERVICE	福箱 10500¥	1500個	6件	黑色菱格紋行李箱，超時尚感，難怪一下就搶完了。
JSG	福袋 10500¥	700個	6件	福袋裡確定會有超人氣貓耳造型外套（♥），其他商品也全是限定品。
ESPERANZA	福袋 10500¥	—	6～8件	長靴、高跟鞋、圍巾、手拿包……每樣都是必搶單品。

shine be model 的福袋。

傳說中的福箱。

Jolin愛逛的109系性感高跟鞋代表品牌ESPERANZA的福袋，售價￥10,500，有M、L尺寸，內容物有6件商品，其中一件是靴子喔！

Chapter
5

Chapter 5
天天有折扣的日本OUTLET

如果你千里迢迢飛到東京，既無批卡又沒遇上折扣季，加上通貨膨脹錢變小
大部分的人可能都會礙於預算有限而不敢血拚，更別說要砸本進貨了……
這種事情對於旅遊東京的人來說，可真是殘忍的折磨。
在此，vEr小娜要推薦一個smart的進貨寶地--非去不可的東京二大OUTLET
讓你享受天天有折扣，外加當季新品全都購！

5-1
日本最大OUTLET—御殿場
日本OUTLET特搜

雖然日本每年1月、7月有兩大折扣季，但是，如果想要帶貨做生意，就不能只等折扣的時候才去撿便宜。所以像非折扣期間，日本線的outlet絕對是進貨重點站！

提到outlet很多人會誤以為是「過季商品大拍賣」。這也難怪，因為在台灣許多品牌自己會有固定的暢貨中心，但規模都很小，僅止於自有品牌，雖然好幾次也有出現過打著outlet名號的暢貨中心開幕，卻比較像是聯合特賣會，所以，國內目前為止，都還沒出現過歐美規格的真正大型outlet。但是，如果你以為只有到歐美才能享受到outlet購物的樂趣，那你就太小看日本了，近幾年來，日本受到不景氣影響，開始興盛起Factory Outlet，藉以帶動消費，即使在寸土寸金的東京，竟然也擠得下二間超人氣outlet，而且裡頭的品牌從天后級的國際精品到流行界的暢銷品牌都有！一間是位在靜岡縣往箱根方向的Gotemba Premium Outlets御殿場，屬於正宗美系血統的outlet集團，在全美國有近40家分店，是世界級的outlet體系；另一間就是vEr小娜在第一本書仔細介紹過，以日系品牌為主位在橫濱金沢的Yokohama Bayside Marina。

從日本人經營outlet的方式，就更能深深感受到日本人做生意的一貫堅持！一般來說outlet的確是以過季商品為主，但日本的outlet可是有非常多當季的款式，也就是說到outlet購物，等同一年四季都是折扣季，而且遇到日本一月份新年時還有福袋可以碰運氣，簡直就是賺翻了，vEr小娜強烈建議非折扣季節時，你的帶貨路線至少要鎖定其中一家outlet，這裡絕對能讓你邁向賺錢的勝利之路！

GOTEMBA是日本最大的國際規模outlet，光是接駁車每小時就要出3班，就可以知道這裡的人潮有多洶湧啦。

日本Outlet VS 美國 Outlet

	日本outlet		歐美outlet
	Yokohama Bayside Marina	Gotemba Premium Outlets	
品牌	日系知名平價流行品牌為主，歐美精品很少。	以歐、美精品為主，日系品牌雖不多，但精選了設計師品牌、國民龍頭品牌以及雜誌人氣平價流行品牌。	歐美一線精品品牌為主，也有許多運動休閒品牌。
折扣	8折~2折		
交通	位於橫濱，搭乘JP線再換Seaside Line可以到，距離東京、新宿等市區加上換車時間單程大約2小時。	從東京有直達車，若從新宿出發也有往箱根的小田急快速巴士，抵達後再改搭免費接駁車，單趟車程大約2小時30分。	多半較偏遠，需要自行開車。
賣場特色	屬於濱海渡假休閒風，中庭設計有噴水池以及港口造景，由於大小規模剛剛好，逛起來非常舒服。	規模媲美美國，有些國際品牌自己就是一棟商場，並設有餐廳、美食廣場、花園、摩天輪等設施，整體規畫近乎購物觀光樂園，非常適合消磨一天。	規模較多種，大部分都占地廣大，適合全家一起開車購物消磨一天。
服裝款式	⊙當季二線系列的款式 ⊙才剛轉款的當季新款	⊙當季二線系列的款式 ⊙才剛轉款的當季新款 ⊙部分國際精品沒有折扣，形同show room。	⊙過季商品 ⊙超低價特賣商品 ⊙觀光地區的outlet會有部分精品品牌屬於無折扣的show room。
尺寸	齊全	齊全	部分齊全，但零碼居多，尤其是特賣商品。
餐飲服務	有美食樓層規畫，除了速食外，也提供各式餐飲服務。	有室內的美食廣場，還有獨棟的人氣餐廳，甚至還有戶外的咖啡座、可麗餅、中華料理……有些品牌甚至在店內就設有咖啡區。	位於觀光區的outlet較多美食廣場及露天咖啡座。

〔美國血統加持的
Gotemba Premium Outlets御殿場〕

Premium Outlets是美國最大的outlet集團,在全美國40個人氣城市都有開設分店,包括紐約、拉斯維加斯、LA、舊金山……如果你去過夏威夷,那你就更應該知道Premium Outlets,因為那裡就是讓大家每次買到手軟的最大Shopping Mall。

Premium Outlets在海外目前已經開設了8間分店,7間在日本,1間在韓國,位於東京近郊靜岡縣的就是Gotemba御殿場,這裡不但可以shopping,由於位在富士山附近,所以天氣好時可以完全欣賞富士山,可説是同時兼具購物與觀光的完美行程,也因為他位於東京、箱根、富士山之間,所以也成為許多旅遊團會順便帶來血拚的大站,不過目前台灣團體行程會設計經過這裡的並不多,香港旅遊團倒是樂此不疲,目前,Premium的官網也已經出現了中文版(http://www.premiumoutlets.co.jp/cht/),這對國人來説,想要安排到這裡血拚更容易了。

Premium Outlets全球的分店一年四季都提供25~65%的折扣,國際級精品從A~Z多達54個品牌以上,外觀設計上全球調性統一,都是簡約的歐美Factory建築風格,購物商場同時結合了觀光、美食與購物,許多知名品牌甚至還是獨棟設計,跟逛品牌旗艦店沒兩樣,充分顯示出Premium Outlets集團強大的時尚資源。

Gotemba Premium Outlets基本檔案

⊙商場規畫：

WEST ZONE：88個品牌、2間露天咖啡座、2間獨立餐廳、1間可麗餅店。

EAST ZONE：103個品牌、2間咖啡座、1間McDonald's、1間Starbucks Coffee 、2間獨立餐廳、4間露天輕食區。

獨棟：Gap、Coach、MUJI、Armani、Prada(Miu Miu)、FrancFranc、JILL STUART

花園區：有摩天輪。

⊙FOOD BAZAAR：位於EAST ZONE，內部擁有7間餐廳。

⊙輕食咖啡：Premium Outlets在購物各區域中都有穿插輕食咖啡區，包括McDonald's、Starbucks Coffee、還有其他café bar，甚至部分品牌內自家就會有café休憩區，這裡還有一間鼎鼎大名的Godiva飲料專賣店喔。

⊙品牌類型：國際級精品、流行服飾、戶外休閒用品、運動服飾用品、生活雜貨、流行飾品、腕時計、小物、鞋子、兒童服飾玩具

⊙貼心服務：提供接駁巴士、飲料販賣機、兒童遊戲間、服裝修改，以及宅配到府服務。

⊙營業時間：1月～3月／10：00am～7：00pm

4月～7月／10：00am～8：00pm

8月／10：00am～9：00pm

9月～10月／10：00am～8：00pm

11月～12月／10：00am～7：00pm

12月31日／10：00am～6：00pm

12月22、23日／10：00am～8：00pm

休業日每年一次，2月的第三個禮拜四

Gotemba Premium Outlets品牌情報

國際精品

Armani Factory Store
Bally
Coach
Richard Ginori
Bruno Magli
Cole Haan
Royal Copenhagen Group
S.T.Dupont
Kenzo
Escada
Diffusione Tessile
PRADA&MIUMIU
Margaret Howell
New Yorker
Melrose
J.Crew
Junmen
Rope
Ralph Lauren
Bvlgari
Cosa Nostra
Versace
Lanvin Collection
Jacasse
BCBG Maxazria
i Blues
Et Vous
Dunhill
Dolce&Gabbana
Kate Spade
Furla
A.testoni
Salvatore Ferragamo
Company Store
Hogan
Zegna
Tod's
Hugo Boss
Vivienne Westwood
Paul Smith
Hunting World
Bottega Veneta
Moschino
Jimmy Choo
Chloe

Jil Sander
Gucci
Sergio Rossi
Yves Saint Laurent
Issey Miyake
Aquascutum
Marni

流行／設計師品牌

Diesel
Samantha Thavasa
Abahouse
Diana
Jill Stuart&Last Call
Natural Beauty
Basic&Last Call
Hakka
MK Michel Klein
Cabane de Zucca
Nextdoor
CA4LA
920 Verite
925 Kanematsu
1000 Cricket
1000 Topkapi Account
A.v.v
Tsumori Chisato
Beams
Olive des Olive
Elle
Benetton
LeSportsac
French Connection
Morgan
Ships
INED

運動戶外休閒

Gap
Banana Republic
Nautica
Hush Puppies
Nike
Bobson
Adidas
Reebok
Tommy Hilfiger

The North Face
Camper
Puma
Y's
Big John
Brooks Brothers

生活雜貨

Wedgwood
Bodum
Franc Franc
MUJI Factory Store

手錶／珠寶

Ete
Tag Heuer
Swatch
Folli Follie
ck Calvin Klein Watch
Longines
G-Shock

兒童／寵物／內衣

Lego
Miki House
Wacoal
Dog Dept
Kid Blue
Angel Blue
Blue Cross

美妝其他

The Body Shop
SONY Plaza
The Cosmetics Company
Store

餐飲美食

Godiva
Food Bazaar
Cafe & Restaurant Rosage
McDonald's
Tully's Coffee
Cafe 3310
紅虎餃子房
紅虎家常菜
沼津迴轉壽司
Crazy Crepes

達人教授御殿場採購策略

由於Gotemba占地實在太大,不但有東、西兩區購物中心,而且每間品牌的面積規格都是標準的路面專賣店,平均一家店正常時間要逛15～20分鐘的話,62個品牌起碼也要花20個鐘頭才逛的完,所以若真要每間品牌仔細逛,再扣掉排隊吃飯的時間,一天的時間是絕對不夠!vEr小娜建議大家要逛Gotemba之前一定要先擬好採購路線,一來是避免時間不夠用,再來是因為太多一線國際品牌集中,會不知不覺失了焦,待回過神想起要進貨時已經太陽西下,那可就慘了,因為這裡可不是東京市區,沒可能再安排一天時間來補貨!

〔御殿場實戰計畫〕

最高優先採購指導原則:
平價國民品牌+人氣品牌總代理直營店

在Gotemba的品牌店面中,日本國民品牌占有率約3成,但你可千萬不要小看這3成,因為重點品牌的精華幾乎都濃縮在這裡了,所謂平價國民品牌就是指常在日系雜誌中露臉的基礎穿搭品牌,在台灣知名度比較高,像:Beams、A.v.v、Olive des Olive、Natural Beauty、MK Michel Klein等,由於這些品牌本來在日本售價就比較平價,出現在outlet的商品大概進貨價可以是台灣專櫃的4折左右,不買絕對是傻子。

像日本國民品牌Beams在這裡的專門店規模就相當大,旗下男女品牌齊聚,從大人到小孩的衣服、鞋子、包包應有盡有,人潮也特別洶湧,千萬不要在門口只看到滿是男生的人潮就不進去,入門後往裡頭走,穿過吵雜的男裝區,你就會如獲至寶的發現,原來Beams旗下著名的女裝ray beams以及BEAMS BOY在這裡也有一區陳列;此外,2008年3月才開店的Olive des Olive,這個同時帶點甜美與個性的品牌,店內的人潮也很嚇人,由於這個牌子在台灣已經退出,好在他也算紅極一時的日系品牌,所以買手還是有操作空間!

各種材質的連身洋裝、外套、風衣、靴子、圍巾、手套等不退流行百搭基本款必買。

此外，這裡也有人氣品牌總代理的直營店，經營類型有點像這幾年很夯的D-Momp，總代理把旗下所有品牌都放在同一賣場銷售，彼此品牌之間風格並不一樣，Gotemba裡頭就有2間這樣的總代理直營店，分別是NEXT DOOR(旗下有OZOC、INDEX、INDIVI等品牌)、LAST CALL(旗下有Jill Stuart、Private Label、Pinky Girls等品牌)，而這2間店在Yokohama Bayside Marina也有，不過規模上當然還是Gotemba較占優勢，而且針對旗下明星品牌，也會另外將品牌獨立開設，像現在台灣人氣的設計師品牌Jill Stuart在這裡就有單獨一間專門店。

Beams

日本潮流集合品牌(Select Shop)龍頭Beams在御殿場擁有相當大的專門店，旗下熱門男裝BEAMS、BEAMS T、女裝Ray BEAMS、BEAMS BOY這裡都有，來這裡一趟可以省掉必須千里迢迢殺到銀座、裏原宿、代官山、新宿路面店的時間，不過要有心理準備，這間店的人潮擁擠指數可以排進御殿場的前3名，所以尺寸不齊是常有的事情。喜歡Beams潮味的賣家建議主攻BEAMS BOY的tee以及各種配件，偏愛成熟甜美風的賣家可以主攻洋裝。

長筒靴折扣下來台幣約$1800。

A.v.v

A.v.v是vEr小娜每次來日本outlet必帶的品牌，尤其是它的風衣跟one piece洋裝，隸屬MICHEL KLEIN系統，目前國內並沒有代理進來，是結合日、法的設計風格，在這裡可以找到非常適合OL以及正式場合需要穿的小女人服裝。

火紅設計師品牌操作路線：經典item重點採購

這裡指的設計師不是精品品牌的國際級設計師，而是指日本設計師或者歐美設計師，但有獨家授權日本設計生產的品牌，這幾年知名的年輕日本設計師在國際時尚伸展台大放異采的就屬Tsumori Chisato，她的同名品牌在Gotemba有一間專賣店，從服裝到配件都有；另外香港明星最愛的CABANE de ZUCCa在這裡也有專賣店，而且折扣都有到5折；此外和Jill Stuart同為紐約發跡的美女設計師Cynthia Rowley的品牌在這裡也有設點，以上這些設計師品牌的經典款以及當季款通通都有，來這裡一次帶貨，雖然品項當然沒有百貨公司或路面店多，但以經典款來說超級節省時間又撿便宜。建議必買的商品有：鞋子、包包、帽子、襪子等配件以及當季重點設計款圖騰。

Tsumori Chisato

Tsumori Chisato是日本設計師Tsumori Chisato津森千里的同名品牌，近年來在國際舞台上漸漸嶄露頭角，S.H.E、范瑋琪、徐若瑄都是她的擁護者。除了服裝系列外，還有Tsumori Chisato Carry包包、Tsumori Chisato Walk鞋子，以及家居服、內衣、襪子等配件系列。Tsumori Chisato曾是三宅一生旗下運動品牌的首席設計師，在90年代獨立後以自己的名字做為品牌名稱，由於她的風格非常多元細膩，作品中用色大膽，動物斑紋、幾何印花、手繪刺繡……都常常出現在每季的新品中，她最擅長的也最讓人無法抗拒的，就是能將少女的甜美浪漫結合略帶大人風的成熟女人味，再加上剪裁乾淨俐落，款式限量，所以成為日本model以及港、台藝人的愛牌。

位於御殿場的這間店，以服裝為主，配件為輔，除了當季款之外還有許多經典item，折扣最低可以到4折，建議可以主攻one piece的洋裝以及外套，配件當然不能放過，絕對是先搶先贏。

Tsumori Chisato在這裡的貨很容易被搶光，所以如果是專們操作此品牌的買手，只能把這裡當作靠運氣尋寶用，不能安排為進貨重點。

CABANE de ZUCCa

日本設計師小野塚秋良Akira Onozuka創立的品牌,也曾擔任過三宅一生的設計團隊,以男裝起家,因為長期居住法國,他的男裝設計風格中性簡單,但女裝設計完全跟男裝不同,常常看得到小野塚秋良的玩心,擅長處理detail的細膩氣質風格,強調衣服應該要貼近生活而且容易搭配,楊千嬅、容祖兒、鄭秀文都是ZUCCa的fans。除了服裝外,ZUCCa的配件表現更是搶眼,手錶、鞋子、眼鏡、包包……應有盡有,尤其是變化多端的設計款手錶,更是香港明星的最愛;位於御殿場的這間店以服裝為主,配件為輔,折扣最低可以到4折,建議主攻經典款print tee,以及手錶、包包、小外套。

碰運氣撿便宜:國際一線精品伺機而購

雖然Gotemba以國際精品品牌居多,雖然有些品牌是完全沒折扣的展示店,但大部分品牌也都有outlet等級折扣,而且幾個大品牌在這裡還設有Factory Store,但建議大家絕對要先在國內做好比價功課才能下手,因為這些品牌都以歐洲一線精品為主,所以他在日本不一定有價格優勢,每個品牌的價位區間只有熟悉這個品牌的人才會知道,千萬不要以為在outlet就一定比台灣便宜。建議碰運氣專門店:Armani Factory Store、Meleze

Meleze

Gotemba的精品集合品牌店,店內有Dior、Celine、Marc Jacobs、Fendi、Loewe等品牌,從服裝到包款配件、飾品、鞋子都有,每個品牌的品項雖然不多,但好在這些品牌都有經典不敗款,折扣約在4~6折。

Prada&MiuMiu

Prada&MiuMiu在Gotemba的獨棟專門店,占地非常大,從服裝到包包、配件,所有最新的款式在這裡都看得到,只見一身黑色制服的俊男美女店員在店裡忙碌的走來走去,但放眼望去,幾乎沒有看到折扣的說明牌,即使如此,店內的客人還是川流不息,只能說是日本人真的「狠」愛Prada。

COACH

　　COACH這幾年來也成為日本人和國人的愛牌之一，Gotemba的COACH獨棟專門店常常會需要控制同時進店人數，遇上店門口大排長龍的情形並不稀奇，所以想要進貨這個品牌的人要記得時間規畫上的安排。

國人熟悉知名品牌加減補貨

　　除了日系品牌外，許多國人熟悉的專櫃品牌Gotemba也都有專門店，像LeSportsac、French Connection、Morgan、Diesel，還有手錶及Gap等休閒運動品牌，可以針對該品牌的特價花車商品採購，不過這些品牌的商品通常有行無市，雖然撿了便宜但可能脫手不易，下手要特別小心。建議可補貨：LeSportsac的花車商品、Gap的基本款、Casio折扣商品。

日本名媛最愛的DIANA在這裡也有專門店，5折起跳，貨色齊全，女生們擠在店內留連忘返。

chapter 6

〔享受觀光美食〕

　　Gotemba對很多日本當地人來說,算是週休二日的觀光好去處,除了逛到腿軟的outlet,在這裡抬起頭不會看到都市裡櫛比鱗次的商業大樓,因為每棟商店的高度大概只有1層樓高,所以這裡的視野可說是一望無際,天氣好的時候還可以輕鬆遠眺富士山,整體購物環境的設計非常適合散步,享受東京郊外難得的新鮮空氣。

　　原則上來Gotemba通常都要待半天以上,而且這裡對外連結只能搭乘每15分鐘一班的接駁車,再轉乘JR高速巴士,所以如何解決用餐問題相當重要,好在Gotemba對於用餐休憩的規畫相當完整,不但有整棟的Food Bazaar美食街,還有好幾個露天輕食BAR和隨時能外帶的McDonald's、Starbucks,如果不喜歡美食街的快餐,這裡也有幾家永遠大排長龍的獨立餐廳,包括鼎鼎大名的連鎖中華美食「紅虎餃子房」和沼津迴轉壽司,擠不進紅虎餃子房的人不用擔心,餐廳外頭另外準備了「紅虎家常菜」露天用餐座位,可以享受麻婆豆腐、咖哩燴飯和各種熱騰騰包子等快速的中華美食。

　　除了規畫妥當的餐廳,Gotemba最貼心的,就是每間專門店外頭幾乎都會設置長條椅供遊客休息,常常店內黑壓壓一片,店外的椅子上也同樣是客滿,而且逛街逛累時,隨處都有可以休憩的露天café bar,非常有美國渡假的感覺,甚至在丹麥設計師品牌Bodum的專門店裡,直接就設有輕食區,可以坐在窗邊享受一下暖暖的陽光搭配香濃的咖啡和手工餅乾,讓逛到腿殘的你可以休息片刻後再繼續趕進度!

御殿場最大的特色之一，就是許多人會帶著心愛的寵物一起來逛街，有時一個人會同時牽好幾隻，而且每隻狗狗主人都精心打扮，非常賞心悅目，恨不得自己家裡的狗狗貓貓也帶來一起玩耍。

用餐時間Gotemba的餐廳只能用人山人海形容，到處都大排長龍，幾間知名餐廳可能要排隊至少30分鐘以上，大家可要有心理準備，vEr小娜建議大家可以早餐吃飽一點，中午用餐時間稍微跟大家錯開一下，可以少花一點時間在排隊上，如果晚餐時間要離開，建議可以先吃一點輕食再離開，因為那個時間回到市區會遇上大塞車。

在Gotemba逛累了也不用擔心沒地方好好休息，這裡有好幾個戶外露天休息座，也都兼賣美食，原宿街頭到處可以看見的可麗餅，這裡也有一間Crazy Crepes，唯一要擔心的，還是排隊的人實在是很多啦。

Godiva在Gotemba有一間小小專門店，除了販售巧克力外，在這裡還喝得到難得的巧克力冷熱飲品，穿梭在各精品專門店中再加上一杯的Godiva的drinking，算得上很幸福的小奢華享受。

145

Chapter 5

〔路線&交通指南〕

　　御殿場雖然遠離東京市區在靜岡縣，但由於交通配套規畫完善，可以選擇從東京或新宿出發，二者都非常方便。不過要特別注意，從東京出發直達御殿場門口的JR BUS一天只有一班，而且需要提前預約訂位；從新宿出發的小田急箱根高速巴士雖然班次每20分鐘一班，但須再搭乘接駁車前往御殿場。vEr小娜建議可以看你的住宿位置以及當天旅遊規畫，如果不能在8點以前完成出門準備的人，就請直接選擇從新宿出發，免得趕不上出發時間浪費了車票喔！相關的詳細資料vEr小娜幫大家整理如下表：

	東京出發	新宿出發
交通工具	JR 高速巴士	小田急箱根高速巴士
路線	東京←→御殿場	新宿←→東名御殿場←→御殿場 去程時在東名御殿場下車搭乘專屬接駁車前往御殿場，回程時則要先搭乘接駁巴士前往東名御殿場候車。
班次	去程8：30am／回程4：40pm	⊙去程：7點開始，每20分鐘一班。 ⊙回程：每20分鐘一班，最晚一班 　　7:45出發回新宿。
去程時間	1小時30分鐘	1小時45分鐘
回程時間	1小時30分鐘	若傍晚班次回新宿，須加上塞車時間1～2h。
購票處	JR東京八重洲南口	HALC小田急百貨

去程上車處	JR東京八重洲南口（2號乘車處）	新宿西口小田急箱根高速巴士案內所
去程下車處	御殿場	東名御殿場
回程上車處	御殿場	東名御殿場
回程下車處	JR東京日本橋口	新宿
票價	來回票：大人¥2800／小孩¥1400	單程票：¥1630
優點	直達御殿場門口。	⊙班次多。 ⊙購票服務台提供國語服務。
缺點	⊙須提前預約。 ⊙班次固定。	⊙須搭乘接駁巴士。 JR御殿場→東名御殿場接駁車1時間3班（每時10分、30分、50分發車）

　　規畫前往御殿場購物當天，為了節省時間，可以在路上買早餐帶上車吃，反正路程無論如何都要1小時40分左右，一邊欣賞沿路風景、一邊吃不同於飯店的早餐，也是旅遊的好玩體驗，更何況vEr小娜向來覺得在飯店天天吃一樣的早餐很無聊，到日本一定要體驗一下早上她們的咖啡店，各種剛出爐的丹麥麵包與烤三明治，再搭配熱騰騰的咖啡，絕對是美好一天的開始！vEr

Chapter 8

旅遊服務中心位於小田急新宿駅內1F，看到HALC招牌就到了。

STEP **1** 購票。

STEP **2** 看班次買票，有華語服務。

STEP **3** 到新宿西口小田急箱根高速巴士案內所等車。

買完票後走新宿西口天橋就可以到搭車地。

STEP **4** 上車處。

STEP **5** 經過1小時45分鐘，御殿場站到囉，下車準備搭乘接駁車。

STEP **6** 穿過鄉間與樹林，約15分鐘後，GOTEMBA到囉！

GOTEMBA PREMIUM OUTLETS® 時刻表		発車予定時刻	
時間	時分	時間	時分
9	10 30 50	15	10 30 50
10	10 30 50	16	10 30 50
11	10 30 50	17	10 30 50
12	10 30 50	18	10 30 50
13	10 30 50	19	10 30 50
14	10 30 50	20	10 30

※交通事情により多少時間がかかる場合がございますのでご了承下さい

雖然接駁車班次很多，但還是要記得注意末班車時間免得錯過就麻煩了。

5-2

東京最近Bayside Marina Outlet
橫濱Bayside Marina

Yokohama Bayside Marina是仿19世紀美國商港的景觀設計，也是目前全日本最大的港口型OUTLET，浪漫的白色船塢搭配陽光與海洋，充滿了濃濃異國情調，進入整個購物商場後，到處可以看見大型美式壁畫，噴水池造景，以及水手風的巨大裝飾，來這裡購物的心情，就好像來尋寶一樣，一間間保留品牌原味的櫥窗設計，絕對不輸路面專門店的氣勢，店內到處標示著30% off～70% off 的折扣訊息，保證讓你逛得手軟腿痠，外加目不轉睛、血脈賁張！還有一間提供現場服飾修改的專門服務，以及為血拚狂逛累時可以休息的10多家餐廳、咖啡廳……可說是各方面都規畫得相當完整，保證讓你可以不知不覺得逛上一整天。

三井旗下目前有6間Outlet分別是位於橫浜Bayside Marina、多摩南大沢La Fete Tama Minami Osawa、千葉幕張新都心Garden Walk、長島Jazz Dream、大阪鶴見BLOSSOM OSAKA TSURUMI、神戶PORTO BAZAR。

Yokohama Bayside Marina基本檔案

⊙為鼎鼎大名的「三井不動產」所開設的一系列Outlet

⊙建築風格：白色建築物、風車、噴水池、大壁畫……濃濃舊金山港灣風格。

⊙樓層規畫：1F共分4區—Factory Outlets、Kid's Outlets、Life Style Outlets、Seaport Restaurant。
2F分2個區域—Factory Outlets、Seaport Outlets。

⊙美食咖啡：提供11家餐廳、咖啡服務；另外一棟還有McDonald's、Starbucks Coffee。

⊙品牌類型：流行服飾（31個）、戶外休閒用品（5個）、運動服飾用品（14個）、生活雜貨（8個）、流行飾品 腕時計小物（9個）、鞋子（5個）、兒童服飾玩具（9個）。

⊙貼心服務：提供服裝修改，可當場送件稍後取件，或者宅配到府。

二樓平面圖。

一樓平面圖。

一樓層品牌分布。

横浜ベイサイドマリーナ　ショップス&レストランツ

NICE CLAUP by Remind Me	5,250円以上お買いあげで 5%off　カード利用のみ	**ABC-MART** FACTORY OUTLET	5,000円以上お買いあげで 5%off（一部除外品あり）
CYNTHIA. EXPRESS OUTLET	5%off	**Eddie Bauer** OUTLET	5,000円以上お買いあげで 10%off　カード利用のみ
BODY DRESSING LAST CALL	10,000円以上お買いあげで 5%off	**LACOSTE OUTLET**	30〜50%off商品で5,250円 以上お買いあげで5%off（一部除外品あり）
SHIPS OUTLET	5%off	**Loyd Arton**	5,000円以上お買いあげで 5%off（一部除外品あり）
INTERPLANET	5%off（一部除外品あり）　カード利用のみ	**V PHENIX** OUTLET	5,000円以上お買いあげで 5%off　カード利用のみ
Price magic	1回のお会計21,000円以上で 3%off	**HH** HELLY HANSEN	5%off（一部除外品あり）　カード利用のみ
LAST CALL	10,000円以上お買いあげで 5%off	**帽子屋 BOSHIYA** OUTLET	5,000円以上お買いあげで 5%off
WAY OUT!	3,000円以上お買いあげで 5%off（一部除外品あり）	**Celule**	1,000円以上お買いあげで 5%off（一部除外品あり）　カード利用のみ
TEIJIN MEN'S SHOP RACK	10,500円以上お買いあげで 5%off（一部除外品あり）	**TENDER BOX** OUTLET	5%off（一部除外品あり）
BCBG MAXAZRIA	21,000円以上お買いあげで 5%off（一部除外品あり）　カード利用のみ	**OSHKOSH B'GOSH**	5,000円以上お買いあげで 5%off（一部除外品あり）　カード利用のみ
J.CREW FACTORY STORE	7,350円以上お買いあげで 5%off　カード利用のみ	**mixage** ミクサージュ	5,250円以上お買いあげで 5%off（一部除外品あり）　カード利用のみ
Mother Garden's OUTLET	3,000円以上お買いあげで ノベルティプレゼント　カード利用のみ		5%off　カード利用のみ
& by P&D	10,000円以上お買いあげで 5%off	**Sam Choy's**	5%off
Artesania	3,000円以上お買いあげで 5%off　カード利用のみ	**LONG**	5%off　カード利用のみ
ART/BERG OUTLET	10,500円以上お買いあげで 5%off	**SIDE DELI**	5%off　カード利用のみ
OLIVE des OLIVE OUTLET	10,000円以上お買いあげで 5%off　カード利用のみ		10%off
Reebok	5,250円以上お買いあげで 5%off　カード利用のみ	**SUSHI BAR ARIGATO**	10%off
ROCKPORT	5,250円以上お買いあげで 5%off　カード利用のみ	**2GO** COFFEE&CURRY	ドリンク50円引き
FACTORY OUTLET	お直し代無料　カード利用のみ	**Triumph** INTERNATIONAL FACTORY OUTLET / MK MICHEL KLEIN	
FRED PERRY	お買いあげの方にノベルティ プレゼント		
	5,250円以上お買いあげで 5%off　カード利用のみ	**The SAZABY LEAGUE** OUTLET	
BILLABONG	5,250円以上お買いあげで 5%off		
		JUICY COUTURE	

Yokohama Bayside Marina品牌情報

流行品牌

a.v.v MICHEL KLEIN
aquagirl／DRESSTERIOR
by NEXTDOOR
& by Pinky & Dianne／LAST CALL
INTER PLANET two
XLARGE(R)/X-girl
MK MICHEL KLEIN
OLIVE des OLIVE OUTLET
SAGAMI YUKATA OUTLET
三愛 水着 アウトレット
SHIPS OUTLET
CYNTHIA EXPRESS OUTLET
J.CREW FACTORY STORE
Juicy Couture
SCHIATTI SHIRT de STOCK
SAINT JAMES OUTLET
TEIJIN MEN'S SHOP RACK
Diffusione Tessile
TOMORROWLAND
TRIUMPH FACTORY OUTLET
NICE CLAUP by Remind Me
NEXT DOOR
BCBG MAXAZRIA
FRED PERRY
PRICE MAGIC
B.C STOCK
BODY DRESSING/LAST CALL
UNITED ARROWS OUTLET
LACOSTE OUTLET
LAST CALL
Artesania
The SAZABY LEAGUE OUTLET
EDWIN OUTLET
LeVI'S(R) FACTORY OUTLET

運動戶外休閒

EDDIE BAUER OUTLET
Timberland OUTLET STORE
Fox Fire Shop
HELLY HANSEN
mont-bell factory outlet
asics sportsbeing
adidas factory outlet Yokohama
QUIKSTOP
Spors D310 OUTLET
NIKE FACTORY STORE
new balance factory store,YOKOHAMA
BILLABONG
PHENIX OUTLET
hot box
Reebok F.O.S
LOCAL MOTION FACTORY STORE
Rockport F.O.S

生活雜貨

Artesania
The SAZABY LEAGUE OUTLET
NORITAKE
Franc franc BAZAR
Better Living Outlet
Mother garden OUTLET
LEGO Click Brick
ONE'S FACTORY STORE

流行飾品小物

ART/BERG OUTLET
WAY OUT!
COACH FACTORY
G-SHOCK OUTLET
Juicy Couture
SEIKO OUTLET
Celule
Zoff OUTLET
帽子屋 OUTLET

兒童

ST COMPANY
OSH KOSH B'GOSH
JUNPIN' KIKI
SUPER BOO HOMES
TENDER BOX OUTLET
mixage
LITTLE ANDERSEN
exchange

鞋類

ABC-MART FACTORY OUTLET
SHOES C7
BIRKENSTOCK FACTORY OUTLET
REGAL SHOE BAR
Le MARCHE 2

餐飲美食

CAFE CLUB
CANDY A GO GO
Crepe Crepe
Sam Choy's YOKOHAMA BAYSIDE MARINA
SUSHI BAR ARIGATO 2 GO
BRUSCHETTA PIXCAFFE
BAYSiDE DELi
BAYSIDE MARINA Seaport Street
MARIO GELATERIA
LONG
Starbucks Coffee
McDonald's

服裝修改服務

REPAIR SHOP SUN ANON

〔雜誌揭載Outlet人氣品牌〕

日本OL最愛：氣質甜心輕熟女

　　INTER PLANET two來自義大利的品牌，集合義大利與法國的設計師，風格屬於優雅中帶點可愛，適合走氣質甜心路線的輕熟女。店內除了服裝外也有包包跟飾品配件，都kilakila，保證甜美指數破表！

NICE CLAUP細膩甜心風

　　NICE CLAUP進台灣的時間相當早，算是老牌的日系少女服飾，NICE CLAUP旗下有三個系列，這間是屬於pual ce cin。

MK輕熟女+OL氣質名媛夢幻選擇

MICHEL KLEIN在國內知名度不算低,在國內日系少女服裝眾家品牌中知名度算得上前幾名,隸屬於ITOKIN集團,旗下相關品牌還包括iimk、MK MICHEL KLEIN, MICHEL KLEIN PARIS、Mk KLEIN+、a.v.v. MICHEL KLEIN PARIS……台灣的百貨公司都已有專櫃,a.v.v位於1F,年齡層比較高,帶有法國風的設計很受OL支持,店內折扣的商品線很廣,從衣服、包包到飾品配件很齊全,雖然門口招牌是掛a.v.v,但仔細找也找得到MK其他品牌,MK其他品牌,在2F也有一間,喜愛MK的fans不要忘記也去那邊尋寶撿便宜喔!

Bling Bling+Casual+Sweet+Sexy

如果你喜歡粉紅色,卻又不愛像Barbie那樣乖寶寶的公主形象,那你一定不能錯過& by P&D,同樣以粉紅色與黑色為主色的& by P&D,保留了粉紅色的夢幻,給你更多甜美look+casual style+野野的小性感~小娜公主尤其推薦她有亮片系列的包包跟tee,保證是小配件大效果,讓你成為最bling bling的Star!

〔超人氣品牌總代理直營店〕

⊙NEXT DOOR　NEXT DOOR旗下擁有多個一線品牌。

OZOC	**INDEx**
THE EMPORIUM	**INDIVI**
UNTITLED	**C DE C** COUP DE CHANCE
M VOICEMAIL	aquagirl
DRESSTERIOR	**COCUE**
MINIMUM MINIMUM	

⊙LAST CALL

NATURAL BEAUTY BASIC	NATURAL BEAUTY	STYLE by MIYUKI SAWADA	KOFI COLLECT NATURA BEAUTY BASIC	KOFI COLLECT KIDS
VIVAYOU	JILLSTUART	kate spade NEW YORK	MATERIA MILANO	VIVIENNE TAM
Barbie.	BODY DRESSING Deluxe	PROPORTION BODY DRESSING	Pinky&Dianne	Pinky Girls
&byP&D	a b x	BOSCH	Private Label	Vert Dense
NOVESPAZIO	PEARLY GATES	Callaway GOLF	(cacharel)	FREE'S SHOP
HUMAN WOMAN				

Kids

Barbie.	JILLSTUART NEWYORK

LAST CALL旗下擁有
更多一線品牌，其中不
乏國際知名品牌。

〔進貨操作推薦品牌〕

　　綜觀各家品牌的優勢比較，vEr小娜推薦各位比較具有操作空間品牌，賣家們不妨詢一下市場賣價，做為進貨的參考！

⊙黛安芬

　　位在1F 的Factory Outlet占地相當廣，旗下少女二大品牌AMO STYLE、POESIF ELF在這裡也有貨，這裡的款式相當多，小娜公主最推薦可以搭配小禮服或者貼身洋裝的緞面無痕系列，便宜又漂亮，這些都是台灣沒進口的款式，還有整系列都是白色的天使系列也很正，如果你要在台灣找到類似設計的恐怕都要花4千塊以上！

⊙ROXY

　　日本人愛衝浪，世界衝浪大品牌QUIKSILVER在2F也有大型店面，旗下的ROXY在這裡貨色很齊全，除了衝浪板外，男女生的運動服飾、配件都找得到。想要入手便宜可愛的印花系各種泳衣、拖鞋、帽子、包包……就絕對不能錯過這裡。

⊙ABC-MART

ABC-MART FACTORY OUTLET可以找到相當多日版CONVERSE的鞋款,不過日版的基本款比台灣貴喔,因為他是「日本製」,所以要買日本限定款才有利潤喔!

⊙SAZABY

SAZABY LEAGUE是日本知名企業,旗下的SAZABY跟Afternoon Tea在台灣已有相當知名度,位於1F的專賣店裡同時販售包包、服裝與生活雜貨。

⊙Franc franc

Franc franc在日本不輸MUJI跟LOFT,一樣是生活雜貨人氣冠軍,小娜公主多年前第一次對她驚為天人是在台場的DECKS,色彩繽紛的設計讓人逛得眼花撩亂欲罷不能!目前高林實業集團已經拿到台灣代理權,預計即將進軍台灣!

〔路線&交通指南〕

Yokohama Bayside Marina 浜ベイサイドマリーナ ショップス&レストランツ

http://www.bayside-outlet.com/

Phone：045-775-4446（10：00〜20：00）

〒236-0007 横浜市金沢區白帆5-2

STEP 1

無論你從哪裡出發，建議先到JR横浜駅換車購票。

STEP 2

到達JR横浜駅後，要轉搭京浜東北根岸線往大船方向前往下一站「新杉田」換車。

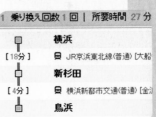

STEP 3

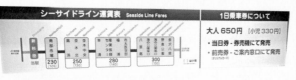

到達新杉田駅後，要穿越地下街商場，改搭乘「Seaside Line」前往「鳥浜」。

看到港灣就快到囉！

Wow～終於到囉～開始SHOPPING！

vEr小娜 白痴認路法

出了車站正後方剛好是個超大十字路口，上天橋穿越馬路往前直直走，下天橋後會有一個小型連接拱形坡道設計，沿著右手邊一小段港灣走約5分鐘，就能遠遠看到白色船塢造型建築，第一棟遇到的是夏威夷館，1F有McDonald's跟Starbucks Coffee很好認，再往11點鐘方向看，會先看到停車場，緊鄰停車場就是Yokohama Bayside Marina的大門了。vEr

臉譜生活風格FJ1008

批貨達人教你東京批貨賺更多

作　　　　者	vEr小娜
責 任 編 輯	胡文瓊
行 銷 企 劃	陳玫潾、陳彩玉
美 術 設 計	828-47
發 　 行 　 人	涂玉雲
出　　　　版	臉譜出版
	台北市中山區民生東路二段141號5樓
	電話：886-2-25007696　傳真：886-2-25001952
發　　　　行	英屬蓋曼群島商家庭傳媒股份有限公司城邦分公司
	台北市民生東路二段141號2樓
客 服 服 務 專 線	886-2-25007718；2500-7719
24小時傳真專線	886-2-25001990；25001991
服 務 時 間	週一至週五09：30~12：00；13：30~17：00
劃 撥 帳 號	19863813；戶名：書虫股份有限公司
城 邦 花 園 網 址	http://www.cite.com.tw
讀 者 服 務 信 箱	service@readingclub.com.tw
香 港 發 行 所	城邦(香港)出版集團有限公司
	香港灣仔駱克道193號東超商業中心1樓
	電話：(852)2508-6231　傳真：(852)2578-9337
	E-mail：hkcite@biznetvigator.com
馬 新 發 行 所	城邦(馬新)出版集團【Cite(M)Sdn Bhd】
	41, Jalan Radin Anum, Bandar Baru Sri Petaling,
	57000 Kuala Lumpur, Malaysia.
	電話：(603)9057-8822　傳真：(603)9057-6622
	E-mail：cite@cite.com.my
初 版 一 刷	2008年12月9日
初 版 十 一 刷	2013年4月
I　S　B　N	978-986-6739-96-5
定　　　　價	299元　HK$100

國家圖書館出版品預行編目資料

批貨達人教你東京批貨賺更多／vEr小娜　著；

--初版----臺北市：臉譜出版：家庭傳媒城邦分公司發行

2008〔民97〕面；公分，--(臉譜生活風格 FJ1008)

ISBN 978-986-6739-96-5(平裝)

1.商品採購 2.日本

496.2　　　　　　　　　　　　97021749